纸浆电化学处理技术及原理

孔凡功　王守娟　高　超　著

中国轻工业出版社

图书在版编目(CIP)数据

纸浆电化学处理技术及原理/孔凡功,王守娟,高超著.—北京:
中国轻工业出版社,2020.9
ISBN 978-7-5184-2981-3

Ⅰ.①纸… Ⅱ.①孔… ②王… ③高… Ⅲ.①纸浆–电化学
处理 Ⅳ.①TS74

中国版本图书馆 CIP 数据核字(2020)第 071995 号

责任编辑:杜宇芳 责任终审:李建华 整体设计:锋尚设计
策划编辑:杜宇芳 责任校对:晋 洁 责任监印:张 可

出版发行:中国轻工业出版社(北京东长安街6号,邮编:100740)
印　　刷:三河市万龙印装有限公司
经　　销:各地新华书店
版　　次:2020 年 9 月第 1 版第 1 次印刷
开　　本:787×1092 1/16 印张:11.25
字　　数:250 千字
书　　号:ISBN 978-7-5184-2981-3 定价:68.00 元
邮购电话:010-65241695
发行电话:010-85119835 传真:85113293
网　　址:http://www.chlip.com.cn
Email:club@ chlip. com. cn
如发现图书残缺请与我社邮购联系调换
191408K4X101ZBW

前言

电化学是研究化学能与电能相互转换的装置、过程和效率的科学，也是研究电和化学反应相互关系的科学。电化学理论与技术应用广泛，包括电合成、化学电源、金属的腐蚀与防护、环境电化学等领域。

制浆造纸工业在全球工业制造中一直占据着重要地位，纸及纸板的生产、消费水平已成为衡量一个国家经济发展水平和社会进步的重要标志。目前，我国纸及纸板的生产量和消费量均位居世界第一位。在制浆造纸工程领域中，植物纤维纸浆的制备，尤其是化学纸浆的漂白过程受到了诸多研究者的关注。目前，在植物纤维的化学法制浆工业中，化学浆的漂白主要是采用具有氧化性或还原性的化学物质直接作用于纸浆纤维，从而去除或改变纸浆纤维中的发色物质，达到纸浆漂白的效果，包括使用氯、次氯酸盐、二氧化氯、过氧化氢等。随着科学技术的进步及环境要求的提高，无元素氯及全无氯漂白技术成为化学浆漂白的主要发展方向。电化学技术作为一种清洁、可控的有效手段用于制浆造纸工业的化学纸浆的漂白处理过程，可有效降低化学药品的用量，提高纸浆纤维的性能，对于推动纸浆的高效清洁漂白、纸浆漂白技术的革新和发展具有重要意义。

本书由齐鲁工业大学（山东省科学院）孔凡功、王守娟和高超进行撰写统稿。本书主要就电化学基本原理、化学浆的漂白、电化学含氯漂白、电化学过氧化氢漂白、电化学介体脱木素及其相关机理进行了介绍。全书共分七章。第一章，电化学基础；第二章，纸浆漂白；第三章，电化学含氯漂白；第四章，电化学过氧化氢漂白；第五章，纸浆电化学漂白阳极材料特性及其选择；第六章，纸浆的电化学介体催化脱木素；第七章，含电化学介体脱木素技术的多段纸浆漂白。

参加本研究工作的除作者外，还有仲亚杰博士、侯艳硕士、徐磊硕士等。此外，詹怀宇教授和陈嘉川教授对本书的部分内容进行了指导。在此表示感谢。本书是作者及上述研究人员近年来的研究成果，大部分内容尚未在生产实践中进行验证，仅供研究者和相关专业技术人员参考。

由于作者水平和时间有限，书中难免会存在不当之处，恳请各位读者批评指正。

著者

2020 年 3 月

目录 CONTENTS

第一章　电化学基础

第一节　电化学概述

一、电化学简介

化学能与其他形式的能量不仅互相转换，而且严格地遵循着能量守恒定律。化学能与热能经过化学反应可以直接转换，化学能与电能则需要通过装置来进行转换。研究化学能与电能相互转换的装置、过程和效率的科学，叫作电化学。电化学是研究电和化学反应相互关系的科学，即研究电学现象与化学现象规律的学科。

电化学学科的理论与技术应用比较广泛，包括氯碱、电镀、电合成、化学电源、金属的腐蚀与防护、生物电化学、环境电化学、电化学分析与检测等领域。经典电化学主要包括用于平衡化学体系的电化学热力学，非平衡电化学体系的电化学动力学，以及二者的桥梁双电层。电化学在实际生产中的应用包括：

（1）电化学用于电解工业，铝、钠等轻金属的冶炼，铜、锌等的精炼，都用的是电解法；此外，电解法也用于尼伦原料的合成以及最简单的电解食盐水制备氯气以及氢氧化钠。

（2）用于电镀、电抛光、电泳涂漆等来完成部件的表面精整；在电子信息微型化发展过程中，均离不开电镀。

（3）用电渗析的方法除去氰离子、铬离子等污染物，电化学方法处理废水无需再添加其他化学药品，处理简单。

（4）化学电源，如锌空电池、锂空电池等，新能源电池的发展如雨后春笋般发展迅速。

（5）金属的防腐蚀问题，大部分金属腐蚀是电化学腐蚀问题，采用缓蚀剂等手段进行金属的保护。

（6）用于生物电化学方面，许多生命现象如肌肉运动、神经的信息传递都涉及到电化学机理。

（7）应用电化学原理发展起来的各种电化学分析法已成为实验室和工业监控的不可缺少的手段。 随着科学技术的进步，电化学与其他学科的发展会越来越紧密，其适用范围也会越来越广。

二、导体及电化学体系

（一）导体

能导电的物体称导体，其电阻率为 $10^{-6} \sim 10^{-4} \, \Omega \cdot cm$，电化学体系离不开导体。 在讨论电化学体系以前，应先了解导体。 导体按传导电流的电荷载体不同，大致可分为以下两大类：

（1）第一类导体——电子导体，如金属、石墨等。 这类导体由自由电子定向运动而导电，导电时导体自身不发生化学变化。 当温度升高，电阻增大，导电能力下降，导电总量由电子全部承担。

（2）第二类导体——离子导体，依靠正、负离子反向移动来导电，包括电解质溶液、熔融电解质和固体电解质。 当电解质内的正、负离子反极性移动时导通电流；导电过程中电极/电解质两相界面上伴随化学反应；当体系的温度升高时，电解质的电阻下降，导电能力增强。

（二）电池

当电子导体和离子导体连接组成电极对时，相互接触界面上有电荷转移，称为电极系统，两个电子导体和一个离子导体可构成电解池或原电池，如图 1-1 所示。 所谓原电池，即将化学能转化为电能。 商业上重要的原电池包括一次电池、二次电池，燃料电池都属于原电池。 电解池即相反，是将电能转变为化学能。 常见的电解装置有电解、电镀等。 电解池或原电池的两电极上，一处发生氧化反应，另一处发生还原反应[1]。

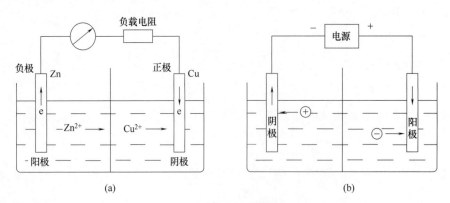

图 1-1　原电池与电解池

（a）原电池　（b）电解池

（三）电极

电极是实施电极反应的场所。 一般电化学体系分为二电极体系和三电极体系，用得较多的是三电极体系。 相应的三个电极为工作电极、辅助电极和参比电极。 电化学反应常见电解池及电极如图 1-2 所示。

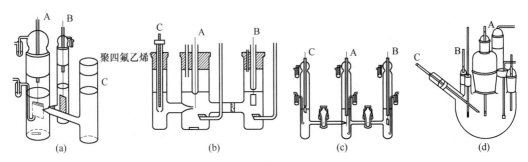

图 1-2 电化学反应常见电解池及电极

A—工作电极　B—对电极　C—参比电极

1. 工作电极

一般来说，工作电极可以是固体，也可以是液体，凡是能够用来导电的都能可以用作电极。 ①工作电极上发生的反应，不会因电极自己本身所发生的反应而受到影响，并且能够在较大的电位区域中进行测定。 ②工作电极不会与溶剂和电解液发生反应。 ③电极的面积不宜过大，电极应是表面均一平滑的，并且可以通过简单的方法进行净化。

工作电极的选择：第一步先根据所研究的性质来预先确定电极材料，最普通的"惰性"固体电极材料是玻碳（铂、金、银、铅和导电玻璃等）。 使用固体电极时，应该充分建立合适的预处理步骤，以此保证氧化还原反应和电极的表面形貌，并保持不存在吸附杂质的可重现状态。 在液体电极中，汞为最常用的工作电极，有均相表面，制备比较容易，同时电极上高的氢析出超电势提高了在负电位下的工作窗口，被广泛用于电化学分析中。

2. 辅助电极对

又称电极，可以和工作电极组成回路，保证电流畅通，以使所研究的反应在工作电极上发生，但必须无任何方式限制电池观测的响应。 在工作电极发生氧化或还原反应时，辅助电极上可以发生气体的析出反应或工作电极反应的逆反应，保证电解液组分不变，即辅助电极的性能一般不明确影响工作电极上的反应。 但减少对电极上的反应以及对工作电极干扰的最好办法是用多孔陶瓷或离子交换膜等来隔离两电极区的溶液。

3. 参比电极

参比电极上基本没有电流通过，用于测定研究电极（相对于参比电极）的电极电势。在控制电位实验中，参比半电池保持固定的电势，所以电化学池上电势的任何变化值直接表现在工作电极/电解质溶液的界面上。 实际上，参比电极起着既提供热力学参比，又将工作电极作为研究体系隔离的双重作用。

参比电极具备的性能：①良好的可逆电极，具有较大的交换电流密度，其电极电势符合能斯特方程。 ②当有微小的电流通过时，电势可以迅速恢复原状。 ③良好的电势稳定性和重现性等。

不同研究体系可选择不同的参比电极。 常见的参比电极有：饱和甘汞电极 （SCE）、Ag/AgCl 电极、标准氢电极 （SHE 或 NHE）等。 尽管水溶液参比电极可以使用，但不可避免地会给体系带入水分，影响研究效果，因此，建议最好使用非水参比体系。 常用的非水参比体系为 Ag/Ag$^+$ （乙腈）。 工业上常应用简易参比电极，或用辅助电极兼做参比电极。

在测量工作电极的电势时，参比电极内的溶液和被研究体系的溶液组成往往不一样，为降低或消除液接电势，常选用盐桥；为减小未补偿的溶液电阻，常使用鲁金毛细管。

（四）电解质

电解质溶液是比较常见的离子导体，由溶剂和高浓度的电解质盐以及电活性物种等组成。 电解质分为四种：①电解质作为反应的起始物质，优先参加电化学氧化还原反应。不仅起到导电作用，而且能够作为反应物。 ②在研究的电势范围内该电解质并不参与电化学氧化还原反应，只起导电的作用。 ③固体电解质是在电场作用下由于离子移动而具有导电性的晶态或非晶态物质，在外电场的作用下，快速移动，但是在固体晶体中点缺陷比较少，所以固体电解质导电能力并不高。 ④熔盐电解质不仅作为反应起始物质，而且能够起到导电作用，多用于电化学方法制备碱金属和碱土金属及其合金体系中。 熔盐电解质分为强电解质和弱电解质，有较宽的电化学窗口以及工作范围，因此在电池研究中广受关注。

电解质溶液比非电解质溶液复杂。 电解质溶液的导电能力要比金属小得多。 电解质离解度、离子电荷数、溶剂的离解度与黏度、溶液的浓度、温度等因素均对电解质的电导率有一定的影响。 当溶液浓度比较低时，随着浓度增加，单位体积中离子数目增多，故电导率增大。 若溶液浓度过大，则离子间相互作用力突出，对离子运动速度的影响很大，电导率又将随浓度的增大而减小。 因此电解质溶液电导率与浓度关系中会出现极大值。 升高温度，溶液黏度下降，因而离子迁移速度加大，故电导率往往随温度的升高而增大。

在电场作用下，正、负离子做定向运动被称为电迁移。 正、负离子运动方向相反，但导电方向一致，输送电量由正负离子共同承担。 离子的迁移数与溶液中各种离子的运动速度有关，在同一溶液中，两种离子迁移数之比表示该两种离子运动速度之比，影响离子运动速度的因素也都有可能对离子迁移数有影响[2,3]。

（五）隔膜

隔膜将电解槽分为阴极区与阳极区，保证阴阳极发生反应物质以及终产物互不干扰。

隔膜可以采用离子交换膜、盐桥等。 电化学工业上使用的隔膜多分为多孔膜以及离子交换膜等。

三、法拉第定律

电流通过电极会引发电极反应，基于这一现象①法拉第于 1833 年总结出法拉第定律[4]。 ①在电极上发生电极反应的物质的量 n 与通过的电量 Q 成正比；②相同电量通过各种不同的电解质溶液时，在电极上所获得的各种产物的量的比例，等于它们的化学当量之比。

法拉第定律不受温度、压力、电解质浓度等因素的影响。 在实际生产中，电解过程中实际消耗的电量往往大于理论计算值。 因为实际电解过程中，电极上副反应或次级反应的发生使实际消耗电量比法拉第定律计算的理论电荷量多，两者之比为电流效率 η ：

$$\eta = \frac{m_{实际}}{m_{理论}} \times 100\%$$

式中 $m_{实际}$ ——电极反应产物的实际质量，g

$m_{理论}$ ——按法拉第定律计算的理论上应获得产物质量，g

第二节 电化学热力学

一、电极电位

化学能和电能相互转化，始终处于热力学平衡状态的称为可逆电池。 电化学中的各种界面反应是在"电极/电解质"界面发生，研究"电极/电解质"性质有助于了解其对界面反应的影响，最常见的"电极/电解质"界面是"电极/电解质溶液"界面。

1. 内电势与外电势

首先我们讨论孤立相中电荷发生变化时的能量变化，探寻带电粒子在两相间如何建立稳定。 假设孤立相 R 是一个由良导体组成的球体，所带的电荷均匀分布在球面上，当单位正电荷在无穷远处时，它同 R 相的静电作用力为零。 当它从无穷远处移至距球面一定距离时时，电荷与球体间只有库仑力起作用。 我们知道真空中任何一点的电位等于一个单位正电荷从无穷远处移至该处所做的功。 所以，试验电荷移至距球面处所做的功为 W，等于球体所带净电荷在该处引起的全部电位。 这一电位称为 R 相的外电位，用 ψ 表示。 由于讨论的是实物相 R，而不是真空中的情况，由于界面上的范德华力、共价键力等引起原子或分子偶极化并定向排列，使表面层成为一层偶极子层。 单位正电荷穿越该偶极子层所做的电功称为 R 相的表面电位 X。 所以将一个单位正电荷移入 R 相所做的电功是外电位 ψ 与

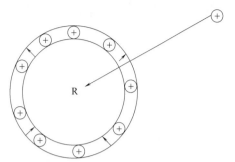

图 1-3　单位电荷引入相 R 中

表面电位 X 之和，即 $\Phi = \psi + X$，Φ 称为 R 相的内电位。带电荷物质进入 R 相内，克服电荷与组成 R 相的物质之间的化学作用做化学功，如图 1-3 所示。因此，将带电粒子移入 R 相所引起的全部能量变化为内电位与化学功之和[5]。

2. 可逆电极的界面电位差

我们知道可逆电池电动势等于电极电位之差，在不同相界面上都存在着不同电位差，不同金属的界面有接触电位差，金属与溶液间也可以产生电位差，两种不同溶液界面上的电位差称为扩散电位，这些电位差统称为界面电位差。金属与溶液接触之前，金属与溶液都是电中性的。金属浸入溶液之后，金属离子从金属越过两相界面进入溶液，电子仍然在金属上，金属就有了过剩的负电荷，溶液则有了过剩的正电荷。正负电荷相互吸引，使它们均匀地分布在金属/溶液界面的两侧，成为双电层，产生电位差。第二个产生界面电位差原因是界面的一侧选择性地吸附某种离子，如果界面另一侧对该离子没有穿透性，则电位差只局限在界面的一侧。最后一种原因是溶质分子或溶剂分子倾向于在界面上定向排列，这些分子倾向于把极性相同的一端指向界面的同一侧，从而形成电位差，形成偶极子层。电位差的大小与界面上极性分子的数目、极性的大小和定向的程度有关。定向排列若发生在界面的一侧，则电位差也局限在这一侧[6]，如图 1-4 所示。

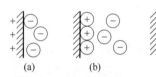

图 1-4　界面电位差的几种可能性

（a）剩余电荷引起双电层　（b）吸附双电层　（c）偶极子层

二、液体接界电势电极电位

实际产生的界面电位差往往是离子双电子层、吸附双电层以及偶极子层共同作用的结果。由于本节探究电化学反应热力学，因此主要讨论离子双电子层引起的电位差，也要讨论扩散电位。扩散电位与金属溶液间的平衡电位不同，是由非平衡的扩散过程在界面电位差的作用下达到稳定状态的结果[7]。比如 0.1mol/L 以及 0.01mol/L HCl 溶液中，HCl 溶液由浓度大向浓度小的方向扩散，由于 H^+ 的淌度大于 Cl^- 的淌度，在浓度小的方向会出现过量的正电荷，浓度大的方向出现过量的负电荷，从而产生电位差。此电位差加速 Cl^- 的扩散，减缓 H^+ 扩散，最后电位差为稳定值时，两种离子同等速率扩散。

由于液接电势无法测定，故它的存在会影响电池电动势的测定。因此，在实际工作中，必须将液接电势减小到可以忽略的程度，最常见的方法就是连接上一个"盐桥"的中间溶液。 盐桥是一种充满凝胶状盐溶液的玻璃管，凝胶状电解液可以抑制两边溶液的流动。 通常盐桥做成 U 形状，充满凝胶状盐溶液后，把它置于两溶液间，使两溶液导通。在选择盐桥溶液时，应使盐桥溶液内阴、阳离子的扩散速度尽量相近，且溶液浓度要大。这样在液接面上主要是盐桥溶液向对方扩散，在盐桥两端产生的两个液接电势的方向相反，相互抵消后总的液接电势大大减小，甚至可忽略不计。

三、可逆电池

在电流趋近于零时，构成原电池各相界面的电势差的代数和叫作可逆电动势。 根据吉布斯自由能定义，在恒温恒压的条件下，体系自由能的减少等于体系对外所做的最大非体积功。 可逆电化学电池电动势与热力学函数间关系如下所示[7]：

$$W_R = -\Delta G \tag{1-1}$$

其中，W_R 为体系对外所做的功，ΔG 为体系自由能。

对于电池而言，$W_R = nFE$，所以

$$\Delta G = nFE \tag{1-2}$$

根据化学平衡等温方程；$-\Delta G = RT\ln K = -nFE$，即

$$E = -\frac{RT}{nF}\ln K \tag{1-3}$$

n 为反应时通过电路的电子数，F 为摩尔电子的电量，E 为电极电势，T 为热力学温度，R 为摩尔气体常数，在恒温恒压下，当 $\Delta G < 0$ 时，该反应自发进行。 对于等温反应

$$aA + bB \Longrightarrow gG + hH \tag{1-4}$$

$$\Delta G = \Delta G^* + RT\ln\frac{a_G^g \cdot a_H^h}{a_A^a \cdot a_B^b} \tag{1-5}$$

将式（1-3）和式（1-5）代入上式，整理为

$$E = E^* - \frac{RT}{nF}\ln\frac{a_G^g \cdot a_H^h}{a_A^a \cdot a_B^b} \tag{1-6}$$

此式即为能斯特方程[8]。 它表示可逆电池电动势与电池内参与反应的各物质活度间的关系。

电动势与温度的关系，由 $\Delta S = -\left(\frac{\partial \Delta G}{\partial T}\right)_P$，将式（1-3）代入，得

$$\Delta S = nF\left(\frac{\partial E}{\partial T}\right)_P \tag{1-7}$$

式中 $\left(\frac{\partial E}{\partial T}\right)_P$——电动势的温度系数，其值由实验测定。

电动势与等压热效应 ΔH 的关系：

因为 $\Delta G = \Delta H - T\Delta S$，$\Delta S$ 为熵变，将式（1-2）、式（1-7）代入，得：

$$\Delta H = -nFE + nFT\left(\frac{\partial E}{\partial T}\right)_P \tag{1-8}$$

式中 $\quad nFT\left(\dfrac{\partial E}{\partial T}\right)_P = T\Delta S = Q_R$，为电池在可逆过程中交换的热

ΔH——等压热效应，表示等压下不做有用功时释放的化学能。

式（1-8）可理解为化学反应放出的化学能=电池对外作的最大电功+可逆放电时与环境交换的热。由上讨论可见，通过测定 E 和 $\left(\dfrac{\partial E}{\partial T}\right)_P$，便可计算热力学函数改变值。

由上看出，原电池的电能来源于电池反应引起的自由能变化，只能适用于可逆电池。因为只有对于可逆过程，电池所做的电功才等于最大有用功，对于不可逆过程，体系自由能的变化中，有一部分将以热能的形式散失掉。

第三节　电化学动力学

在第二节里我们讨论了电化学体系位于平衡态时的热力学性质。当体系位于平衡态时，所有的过程都是可逆的。实际电化学过程中由于电化学反应总是按照一定的方向进行，破坏了平衡状态，所以实际电化学过程为不可逆的。相对于平衡态来说，非平衡态体系的处理比较困难。研究与时间有关的速率过程的理论称为动力学。在电化学中，人们习惯把发生在电极/溶液界面区的电化学反应、化学转化和液相传质过程等统称为电极过程。电化学动力学研究的核心包括电极过程的反应历程、反应速率及其影响因素的研究[9]。

一、电极的极化

电化学体系的实际过程中，按一定的方向，以一定的速度进行电化学反应，这时的原电池或电解池就都不是处于平衡状态，电化学中将电流通过电极时电极电势偏离平衡电势的现象称为电极的极化。当电极电势偏离平衡电势向负方向移动时，发生还原反应，称为阴极极化；当电极电势偏离平衡电势向正方向移动时，发生氧化反应，称之为阳极极化。电极极化现象是极化与去极化两种矛盾作用的综合结果，其实质是电极反应速度跟不上电子运动速度而造成的电荷在界面的积累，一般情况下，因电子运动速度大于电极反应速度，故通电时，电极总是表现出极化现象。

二、电极过程与控制步骤

在电流通过时发生在电极/溶液界面区的电化学过程、传质过程及化学过程的总和统称

为电极过程。 电极动力学过程是一个比较复杂的过程，一般情况下，电极过程大致由下列各单元步骤串联组成，如图 1-5 所示。 O_{bulk} 表示本体溶液中的粒子，O_{surf} 表示电极表面区的 O 粒子，O' 表示活化态的 O 粒子，O'_{ods} 表示吸附的活化态 O 粒子。 R 粒子同理。 ①液相传质步骤，反应物粒子自本体溶液内部向电极表面传递（扩散迁移）。 ②前置转化步骤，反应物粒子在电极表面或附近液层中进行没有电子参加的前置化学反应。 ③电荷传递步骤:活化态反应物粒子在电极表面得失电子生成产物。 ④随后转化步骤，活产物在电极表面进行没有电子参加的后置化转换。 ⑤液相传质步骤或生成新相步骤，产物自电极表面向溶液内部迁移，或者是反应生成新相，如气态产物或固相沉积物[10]。

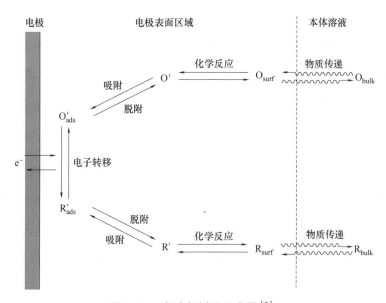

图 1-5 一般电极过程示意图[3]

在电极过程的几个步骤中，速度最慢的是电极过程的控制步骤。 当扩散步骤成为控制步骤时，相应的过电位称为浓差过电位;当电子转移或化学转化成为控制步骤时，相应的过电位称为活化过电位，也有把电子转移，即电化学步骤起控制作用时的过电位称为电化学过电位，而化学反应起控制作用时的过电位称为反应过电位。 个别情况下，电极过程不只是一个速度控制步骤，而可能是两个控制步骤同时存在，这时过电位就包含了两方面的因素。

三、电极反应特点

电极反应是有电子参与的异相氧化还原反应，其特殊性在于电极表面存在双电层，在电极表面上有可能随意地控制其"催化活性"和反应条件，可以在一定范围内自如改变电极反应的活化能和反应速度。 电极反应的特点如下:①反应在电极/溶液的两相界面上发生，反应速度与界面特性有关。 ②反应物浓度较低或反应产物浓度较大时，受电极表面附近溶液中反应物或产物传质过程影响。 ③电极/溶液界面电场对电极反应速度影响很大。 ④电极反应在常温、常压下。 ⑤反应中的氧化剂或还原剂均为电子[3, 11]。

第四节　电化学研究方法

为了了解电极的界面结构、电荷和电势分布以及电化学反应过程的规律，需要进行电化学测量。 电化学测量即在不同的条件下，对电极的电势和电流进行控制和测量。 例如，控制单向极化的持续时间，可进行稳态法或暂态法测量。 控制电极电势按照不同的波形规律变化，可进行电势阶跃、线性电势扫描、脉冲电势扫描等测量。

一、循环伏安法

根据研究体系的性质，选择电位扫描范围和扫描速率，从选定的起始电位开始扫描后，研究电极的电位按指定的方向和速率随时间线性变化，完成所确定的电位扫描范围到达终止电位后，会自动以同样的扫描速率返回到起始电位。 在电位进行扫描的同时，同步测量研究电极的电流响应，所获得的电流-电位曲线称为循环伏安曲线或循环伏安扫描图。通过对循环伏安扫描图进行定性和定量分析，可以确定电极上进行的电极过程的热力学可逆程度、得失电子数、是否伴随耦合化学反应及电极过程动力学参数，从而拟定或推断电极上所进行的电化学过程的机理。 随着固体电极、修饰电极的广泛使用和电子技术的发展，循环伏安法在测试范围和测试技术、数据采集和处理等方面显著改善和提高，从而使电化学和电分析化学方法更普遍地应用于化学化工、生命科学、材料科学及环境和能源等领域。

二、电化学阻抗技术

电化学阻抗法是电化学测量的重要方法之一。 以小振幅的正弦波电势（或电流）为扰动信号，使电极系统产生近似线性关系的响应，测量电极系统在很宽频率范围的阻抗谱，不同的电极在不同频率下的信息不同，以此来研究电极系统的方法就是电化学阻抗谱（Electrochemical Impedance Spectroscopy），又称交流阻抗法（AC Impedance）。 由于使用小幅度（一般小于10mV）对称交流电对电极进行极化，当频率足够高时，每半周期持续时间很短，不会引起严重的浓差极化及表面状态变化。 在电极上交替进行着阴极过程与阳极过程，同样不会引起极化的积累性发展，避免对体系产生过大的影响。 电化学阻抗法以小振幅的电信号对体系扰动，一方面可避免对体系产生大的影响，另一方面其扰动与体系的相应之间近似呈线性关系，这就使测量结果的数学处理非常简单。

三、电势阶跃

电势阶跃代表体系瞬时的变化。 从电极开始极化到电极过程稳态这一阶段称为暂态过程。 电极过程中如电化学反应或扩散传质等，未达到稳态前都会使整个电极过程处于暂态过程中。 暂态过程把时间因素考虑进去，分析这种扰动后体系的变化，利用各基本参数对时间响应的不同，可以使研究的问题简化，从而推断电极反应及其反应速率。 电势阶跃是控制电势暂态法的一种，在实验开始前，电势处于开路电势 φ_1，实验开始时 $t=0$，使电极电势突跃至某一指定电势 φ 直到实验结束为止。 同时测量电极电流 I 随时间的变化，这种方法称为计时电流法[12]，如图1-6所示。

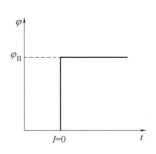

图1-6 阶跃电势随
时间变化的情况

参 考 文 献

［1］ 李荻.电化学原理［M］.北京：北京航空航天大学出版社，1999.

［2］ 肖友军，李立清.应用电化学［M］.北京：化学工业出版社，2013.

［3］ 谢德明，童少平，曹江林.工业电化学基础［M］.北京：化学工业出版社，2013.

［4］ 马洪运，贾志军，吴旭冉.电化学基础（Ⅰ）——物质守恒与法拉第定律及其应用［J］.储能科学与技术，2012，（2）：57-61.

［5］ 高鹏，朱永明.电化学基础教程［M］.北京：化学工业出版社，2013.

［6］ 杨绮琴，方北龙，童叶翔.应用电化学［M］.广东：中山大学出版社，2001.

［7］ 蔡元兴，孙奇磊.电镀电化学原理［M］.北京：化学工业出版社，2014.

［8］ 廖斯达，贾志军，马洪运.电化学基础（Ⅱ）——热力学平衡与能斯特方程及其应用［J］.储能科学与技术，2013，（1）：63-68.

［9］ 马洪运，贾志军，吴旭冉.电化学基础（Ⅳ）——电极过程动力学［J］.储能科学与技术，2013，（3）：267-271.

［10］ 巴德 A J.电化学方法原理及应用［M］.北京：化学工业出版社，2005.

［11］ 曹凤国.电化学加工技术［M］.北京：化学工业出版社，2014.

［12］ 高颖，邬冰.电化学基础［M］.北京：化学工业出版社，2004.

第二章 纸浆漂白

第一节 概述

经化学蒸煮或机械磨解等方法制得的纸浆，均带有一定的颜色，呈黄色或棕色，若要得到颜色较白的纸浆，则需要进行纸浆的漂白。纸浆的漂白是指利用化学或生物等方法将纸浆颜色去除的一个化工过程，也是纸浆化学纯化和改良的过程。纸浆漂白在制浆造纸生产过程中占有重要的地位。

一、漂白的分类

按漂白作用来分类，纸浆漂白的方法可分为两大类[1]。一类称"溶出木素式漂白"，即通过化学品的作用使纸浆中的木素发生溶出，或使木素结构上的发色基团和助色基团受到破坏而溶出的过程。此类漂白方法常用氧化性的漂白剂，如氯、次氯酸盐、二氧化氯、过氧化物、氧等，这些化学品可单独使用或相互配合使用。另一类称"保留木素式漂白"，即在不脱除木素的条件下，改变或破坏纸浆中属于醌结构、酚类、羰基或碳碳双键等结构，提高纸浆白度。通常采用氧化性漂白剂过氧化氢和还原性漂白剂连二亚硫酸盐、亚硫酸和硼氢化物等。

按漂白所用的化学品来分类，纸浆漂白可分为含氯漂白（包括氯、次氯酸盐和二氧化氯）和含氧漂白（氧、臭氧、过氧化氢、过氧酸等）。

随着国家经济技术水平和人们生活需求持续发展，人们的日常生活以及市场对于纸张白度有了较高的要求，而且，国家出台相关规定，对于整个造纸工业的污染排放的治理要求也逐渐提高。因而，在纸浆漂白的发展上表现为越来越重视推广清洁，环境友好性漂白方式的同时，进一步减少含氯漂白剂的使用，逐步实现和推广无元素氯漂白和全无氯漂白。由于二氧化氯漂白的纸浆白度高，强度好，废水对环境的污染较小，因此含二氧化氯漂段的无元素氯漂白仍将继续发展。氧脱木素、过氧化氢漂白和臭氧漂白是全无氯漂白工艺的重要组成部分，其应用将稳步增长。随着生物科学技术的进步，生物漂白技术也将逐步发展[2]。

二、漂白化学品与漂白流程

用于漂白的化学品有氧化性漂白剂、还原性漂白剂，还有氢氧化钠、酸、螯合剂和生物酶等。 这些化学品单独或结合使用组成各种漂段，如表 2-1 所示。

表 2-1 漂白段和漂白化学品

符号	段名	化学品
C	氯化	Cl_2
E	碱抽提（碱处理）	NaOH
H	次氯酸盐漂白	$NaOCl$，$Ca(OCl)_2$
D	二氧化氯漂白	ClO_2
P	过氧化氢漂白	H_2O_2+NaOH
O	氧脱木素（氧漂）	O_2+NaOH
Z	臭氧漂白	O_3
Y	连二亚硫酸盐漂白	$Na_2S_2O_4$
A	酸处理	H_2SO_4
Q	螯合处理	EDTA，DTPA，STPP
X	木聚糖酶辅助漂白	Xylanase
Pa	过氧醋酸漂白	CH_3COOOH
Px	过氧硫酸漂白	H_2SO_5
Pxa	混合过氧酸漂白	$CH_3COOOH+H_2SO_5$
CD	氯和二氧化氯混合氯化（二氧化氯部分取代的氯化）	Cl_2+ClO_2
EO	氧强化的碱抽提	$NaOH+O_2$
EOP	氧和过氧化氢强化的碱抽提	$NaOH+O_2+H_2O_2$
OP	加过氧化氢的氧脱木素	$O_2+NaOH+H_2O_2$
PO	压力过氧化氢漂白（用氧加压的过氧化氢漂白）	$H_2O_2+NaOH+O_2$
DN	在漂白终点加碱中和的二氧化氯漂白	ClO_2+NaOH
D_{HT}	高温二氧化氯漂白	ClO_2

纸浆的漂白可以是单段，如次氯酸盐、过氧化氢或连二亚硫酸盐单段漂，但更多的是采用多段漂白流程。

传统的含氯漂序包括 H、HH、CEH、CEDED、CEHDED 等。

ECF 漂序有 DED、ODED、ODQP、OD（EO）D、OZED、OD（EO）DED 等。

TCF 漂序有 OQP、OZQP、OQPZP、OQ（PO）Pa（PO）等。

三、纸浆的漂白原理

　　纸浆纤维，不管是通过机械方法还是化学方法所制得，都会有一些颜色，由于所选的制浆原料以及制浆方法的差异，导致颜色从棕黑色一直到乳白色不等。漂白不仅能够有效地改善和提高纸浆的白度，而且还对纸浆的物化等性质产生影响，并具有提高浆的洁净度纯化纸浆的效果。纸浆漂白的基本原理是通过阻止发色基团的共轭，改变发色基团的化学结构，消除助色基团，或防止助色基团和发色基团之间的联合等方法达到提高纸浆白度的效果[3]。

　　纸浆中最重要发色基团是木素侧链上的双键、共轭羰基以及两者的结合，使苯环与酚羟基和发色基团相连接。醌的结构对纸浆的白度有重要的影响，对醌（ $O = \bigcirc = O$ ）为黄色，邻醌（ $\bigcirc$ ）为红色，它们除了有不饱和酮的性质外，由于其 $\diagdown C = C \diagdown$ 双键和 $\diagdown C = O$ 羰基处于共轭体系中，因此具有共轭双键的性质。此外，纤维组分中的某些基团与金属离子作用也可形成具有深色的络合物。浆中抽出物和单宁也有着色反应。此外，一些助色基团，如—OR、—COOH、—OH、—NH$_2$、—NR$_2$、—SR、—Cl、—Br 等，其存在有助于发色和颜色的加强或由非可见光区转移到可见光区。

　　漂白的作用是从浆中除去木素或改变木素的结构。漂白化学反应可以分为亲电反应和亲核反应。亲电反应促使木素降解，亲电剂（阳离子和游离基，如 Cl$^+$、ClO$_2$、HO·、HOO·）主要进攻木素中富含电子的酚和烯结构；亲核剂（阴离子和少许游离基，如 ClO$^-$、HOO$^-$、SO$_2^-$、HSO$_3^-$）则进攻羰基和共轭羰基结构，除还原反应外，也会发生木素降解反应。亲电剂主要进攻非共轭木素结构中羰基的对位碳原子和与烷氧基连接的碳原子，也攻击邻位碳原子以及与环共轭的烯，即 β-碳原子；亲核剂主要攻击木素结构中羰基及与羰基共轭的碳原子；亲电剂对纤维素主要是进攻 C$_2$、C$_3$ 和末端 C 原子，如图 2-1 所示。

四、纸浆漂白技术的发展

　　纸浆漂白后排出的废液带来的污染主要包括以下几方面：①在漂白废液中含有大量能与氧气发生反应的溶解物，消耗掉水中的部分氧气，从而危及水生生物的生存。②木质素造成河水的颜色变化，这是由于木质素分子结构中含有发色和助基团，从而使得木质素以及木质素溶液带有颜色，一般为棕色或深褐色。③在硫酸盐浆的含氯漂白废液中含有残氯、酚类、氯化苯醌等有毒物质，造成环境污染。④在纸浆漂白过程中，所用到的化学试剂中的重金属离子会对环境造成危害，引起水质污染。

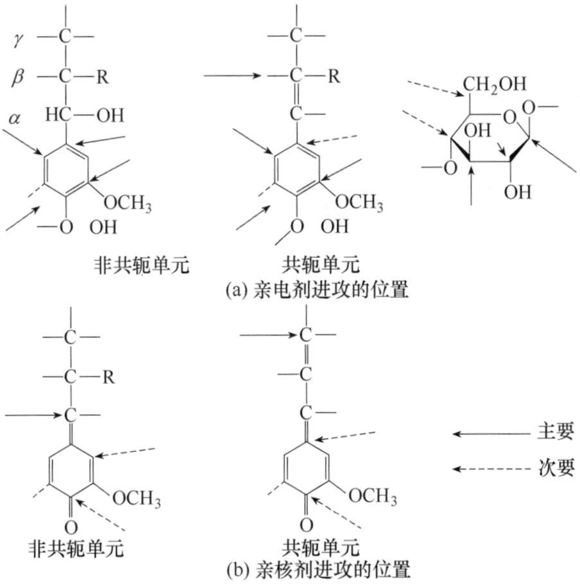

图 2-1 亲电剂和亲核剂攻击木素和碳水化合物的位置

在传统的漂白工艺中，人们主要采用氯与次氯酸盐等含氯物质作为漂剂。 由于其较好的漂白效果和相对低廉的价格，含氯漂白被广泛应用。 然而这种漂白方式对环境造成了一定的危害，因此，无元素氯漂白和全无氯漂白是纸浆漂白的主要发展方向。

1. ECF 漂白技术

以二氧化氯为基本漂剂而不用氯和次氯酸盐的漂白称为无元素氯漂白（ECF）。 二氧化氯是一种高效清洁的漂白剂，其主要作用是氧化降解木素，使苯环开裂并进一步氧化降解成各类羧酸产物，因此，形成的氯化有机化合物甚少。 由于 ECF 漂白的纸浆白度高、强高好，对环境的影响小，成本又相对较低，因此，1990 年以来，ECF 漂白得到迅速的发展[4, 5]。

2. TCF 漂白技术

全无氯（TCF）漂白是不用任何含氯漂剂，而用 O_2、H_2O_2、过氧酸等含氧化学药品以及生物酶进行漂白。 工业上主要是利用已经成熟的氧脱木素技术、过氧化氢漂白技术以及臭氧漂白技术，有的还结合使用过氧酸漂白技术和生物酶漂白技术。 由于 TCF 漂白浆的白度、强度和得率较低，而生产成本又比 ECF 高，因此，TCF 漂白浆产量增长缓慢[5]。

随着漂白技术的发展，漂白流程不再像以前那样标准化，而是出现了漂段和漂序的多样化。 在同一漂段可用多种或多次加入漂白化学品，例如，把 O_3 和 ClO_2 放在同一段（ZD），臭氧漂白和螯合处理相结合（ZQ），二氧化氯漂白和螯合处理同时进行（DQ）以及螯合处理与木聚糖酶辅助漂白结合（QX），可节省投资，降低能耗。 漂白流程视原料、浆种及漂白浆质量要求而多种多样。

第二节　化学浆传统含氯漂白

含氯漂白剂包括氯、次氯酸盐和二氧化氯，通常将漂白流程中含有使用氯和/或次氯酸盐的漂白称为传统含氯漂白。

一、化学浆的次氯酸盐漂白

1. 次氯酸盐漂液的组成与性质

用于漂白的次氯酸盐有次氯酸钙和次氯酸钠。　次氯酸盐漂液具有氧化性，在不同的 pH 下，漂液的化学组成不同，因而漂液的氧化能力也不同。

次氯酸盐漂液是由氯气与氢氧化钙或氢氧化钠作用而得，其反应如下式：

$$2Ca（OH）_2+2Cl_2 \rightleftharpoons Ca（OCl）_2+CaCl_2+2H_2O+热$$

$$2NaOH+Cl_2 \rightleftharpoons NaOCl+NaCl+H_2O+热$$

上述反应是可逆反应，其溶液的组成与氯水体系的 pH 有极大的关系，如图 2-2 所示。　当pH＜2时，溶液成分主要为 Cl_2，pH ＞9 时主要成分为 OCl^-。　pH 不仅影响溶液的组成，对其氧化性也有影响，不同成分有如下不同的氧化电势：

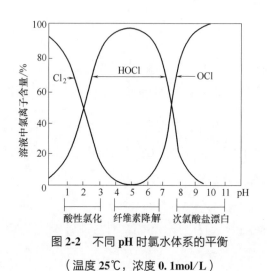

图 2-2　不同 pH 时氯水体系的平衡

（温度 25℃，浓度 0.1mol/L）

$$Cl_2：\frac{1}{2}Cl+e \rightleftharpoons Cl^-+1.35V$$

$$HOCl：H^++HOCl+2e \rightleftharpoons Cl^-+H_2O+1.5V$$

$$OCl^-：H_2O+OCl^-+2e \rightleftharpoons Cl^-+2OH^-+0.94V$$

由上述反应式可见，HOCl 的氧化电势最大，故氧化能力最强。

2. 次氯酸盐漂白的原理

次氯酸盐与木素的反应，主要是攻击苯环的苯醌结构，也攻击侧链的共轭双键，ClO^- 与木素的反应是亲核加成反应，即次氯酸盐阴离子对醌型和其他烯酮结构的亲核加成，随后进行重排，最终被氧化降解为羧酸类化合物和二氧化碳。

次氯酸盐是强氧化剂，如在中性或酸性条件下，则形成的次氯酸是更强的氧化剂，对碳水化合物有强烈的氧化作用。　在次氯酸盐漂白过程中，由于各种酸的形成，pH 是不断下降的。 如果漂初 pH 不够高而漂白过程中又没有加以调节，则漂白后期有可能达到中性或微酸性。

次氯酸盐与纤维素的反应，一是纤维素的某些羟基氧化成羰基，二是羰基进一步氧化成羧基，三是降解为含有不同末端基的低聚糖苷甚至单糖及相应的糖酸和简单的有机酸。 三种氧化反应的速度取决于 pH。 pH 高些，羰基氧化成羧基的速度大于羰基形成的速度，pH 为 6 ~ 7 时，羰基形成的速度快于被氧化成羧基的速度。 纤维素氧化降解的结果，导致漂白浆 α-纤维素含量减少，黏度下降，酮值和热碱溶解度增加，致使纸浆强度下降和返黄。

3. 次氯酸盐漂白的影响因素

（1）有效氯用量 有效氯用量视未漂浆的浆种、硬度以及漂白浆的白度和强度要求而定。 用量不够，漂白不完全，白度达不到要求；用量过多，不但浪费，还会增加碳水化合物的降解和漂白废水的污染负荷。

（2）pH 由于漂液组成和性质随 pH 的不同而变化，因此，漂白时 pH 的高低，直接影响漂白速率和漂白浆的强度、得率、白度和白度稳定性。 pH 为 7 时，漂液的主要组分是 HOCl，漂白速率和碳水化合物降解速率均最大，而且酸性和中性条件下，形成的羰基多，易造成纸浆的返黄。 因此，应绝对避免在中性条件下进行漂白。 一般控制初漂 pH 在 11 ~ 12 之间，漂终 pH 应在 8.5 以上。

（3）浆浓 提高浆料的浓度，实际上提高了漂白时的有效氯浓度。 例如，有效氯用量 4%，浆浓为 6%，漂白有效氯浓度为 0.255%；将浆浓提高到 16% 时，则有效氯浓度为 0.76%，约增加了 2 倍。 浆浓高，不但加快漂白速率，还可节约加热蒸汽，缩小漂白设备的容量，并减少漂白废水量。

（4）温度 提高温度可以加快漂白反应速度。 因为温度升高，可以加速漂液向纤维内部渗透，也加快反应产物的扩散溶出，另一方面，次氯酸盐水解生成次氯酸的速度加快，漂液的氧化性增强。 实验证明，次氯酸盐漂白在 30 ~ 50℃，温度每提高 7℃，反应速度增加 1 倍。 一般控制在 35 ~ 40℃，以减少纤维素的降解。 但是，近十多年来已研发高温（70 ~ 82℃）漂白技术，其关键是漂白自始至终保持较高的 pH（漂浆 pH 最好 11 以上）。只要严格控制药品加入量和漂白时的 pH，实现高温次氯酸盐漂白，缩短漂白时间是完全可能的。 当温度为 70 ~ 82℃ 时，漂白时间 5 ~ 10min 已经足够。

（5）时间 漂白时间的长短，受许多因素的影响，控制漂白时间意味着要控制漂白终点，一般根据漂液残氯和纸浆白度来确定，漂终残氯控制在 0.02 ~ 0.05g/L 为宜。 漂后纸浆应立即进行洗涤，洗后浆残氯应在 0.001g/L 以下，否则浆会发黄。 次氯酸盐单段漂时间一般为 1 ~ 3h。

二、化学浆的 CEH 三段漂

氯化（C）—碱处理（E）—次氯酸盐（H）三段漂是化学浆传统含氯漂白的代表性漂序。 在大多数国家，CEH 漂白已被 ECF 或 TCF 漂白所取代。

1. 氯化

（1）氯-水体系的性质 把氯气直接通入纸浆，与浆中残余木素作用的过程叫氯化。氯和水接触后首先溶解于水中，然后进行可逆的水解反应：

$$Cl_2 + H_2O \Longleftrightarrow HOCl + H^+ + Cl^-$$

HOCl 部分电离：

$$HOCl \Longleftrightarrow H^+ + OCl^-$$

pH 影响上述两个反应式的平衡反应方向，影响氯—水体系各组分的比例。 pH < 2 时，氯—水体系以 Cl_2 为主，随着 pH 提高，逐渐以 HOCl 为主（pH = 4 ~ 6 时，几乎 100% 为 HOCl），随后以 OCl^- 为主（pH ≥ 9.5 时 100% 为 OCl^-）。

（2）氯与木素和碳水化合物的反应 氯化时氯与木素的反应主要有芳环取代、亲电置换和氧化反应。分子氯产生的正氯离子 Cl^+ 是亲电攻击剂，易与木素发生氯化取代，木素大分子有可能变成小一些的分子，而苯环上的氯水解后形成羟基，增加了亲水性，这些均有利于浆中残余木素的溶出；木素侧链 α-碳原子被氯亲电置换，导致侧链的断裂；木素的氧化反应促进苯环上的醚键断裂，产生邻苯醌结构，进而氧化为己二烯二酸衍生物，最后氧化裂解为二元羧酸的碎片。

纸浆氯化的脱木素有较好的选择性，但氯化过程中碳水化合物仍有一定程度的降解。氯对聚糖配糖键的攻击，导致部分链断裂，生成醛糖和糖醛酸末端基，致使纸浆黏度降低。

（3）影响纸浆氯化的因素

影响纸浆氯化的因素有用氯量、pH、温度、浆浓、时间和混合效果。

CEH 三段漂中，氯化用氯量一般为总用氯量的 60% ~ 70%。 总用氯量一般是：亚硫酸盐浆 2% ~ 6%，硫酸盐浆 3% ~ 8%，半化学浆 10% ~ 15%。

由于氯化反应很快，初期就有大量 HCl 生成，使 pH 很快降至 1.6 ~ 1.7，因此，通常氯化过程无需特别控制 pH。 同样，由于氯化反应的速度很快，不需靠提高温度来缩短时间。 因此，纸浆氯化一般在常温下进行，氯化纸浆浓度一般为 3% ~ 4%。 在常温下，5min 内便可消耗加入氯量的 85% ~ 90%，15min 氯化作用基本完成，实际生产中氯化时间通常为：亚硫酸盐木浆 45 ~ 60min，硫酸盐木浆 60 ~ 90min，草类浆 20 ~ 45min。

由于氯气-水-浆所构成的氯化系统的非均一性，所以氯化过程中，浆、氯、水充分和均匀的混合是非常重要的。氯化工段应装设混合效果好的浆氯混合器，以免产生氯化不匀和局部过氯化现象。

2. 碱处理

氯化木素只有一部分能溶于氯化时形成的酸性溶液，还有一部分难溶的氯化木素需在热碱溶液中溶解。碱处理主要是除去木素和有色物质，并溶出一部分树脂，还有使氯化过程中产生的二元羧酸溶解的作用；碱的润胀能力使氯化木素容易被抽提，使木素的碎片从纤维的细胞壁里顺利扩散出来；此外，碱的作用还会使吸附在纤维上的物质溶解。在温和的碱处理条件（碱浓 <2g/L，温度 <70℃）下，对纤维素无影响，半纤维素溶解也不多。

影响碱处理的因素有碱量、温度、时间和浆浓。

用碱量取决于制浆方法、未漂浆的硬度和氯化用氯量等。一般 NaOH 用量为 1% ~ 5%，终点 pH 为 9.5 ~ 11，一般碱处理温度为 60 ~ 70℃，氯化后的碱处理时间一般为 60 ~ 90min，碱处理纸浆浓度一般为 8% ~ 15%，但趋向于上限浓度。

3. 次氯酸盐补充漂白

氯化和碱处理后的纸浆中仍有少量的残余木素，浆的颜色较深，必须经过补充漂白，才能达到所要求的白度。次氯酸盐用于多段漂白的补充漂段时，其作用原理、影响因素与单段次氯酸盐漂白类似。不同的是纸浆的化学组成和性质有所不同，末端次氯酸盐漂白时，纤维素更容易受到氧化降解。因此，需采用较温和的漂白条件，保护纤维素，减少其降解。

第三节　化学浆的无元素氯和全无氯漂白

20 世纪 80 年代以来，无元素氯（ECF）和全无氯（TCF）漂白技术得到迅速发展，成为化学浆漂白的必选漂白方法。二氧化氯是无元素氯漂白的基本漂剂，H_2O_2、O_3、过氧酸等含氧化学药品及生物酶等是全无氯漂白的主要漂剂。

一、氧脱木素漂白

氧脱木素（Oxygen delignification）是在碱性条件下用氧进行脱木素和漂白的过程。氧脱木素是 TCF 漂白不可缺少的重要组成部分，也是大多数 ECF 漂白的重要组成部分[6, 7]。

1. 氧的性质

氧在常温常压下为无色、无臭、无味的气体，相对分子质量为 32.0，密度为 $1.429kg/m^3$，熔点为 -218.4℃，沸点为 -183℃，主要化合价为 -2 价。氧仅略溶解于水，在常温时不活泼，高温时则很活泼，能与多种元素直接发生化合反应。

2. 脱木素的化学反应

分子氧作为脱木素剂，主要是其两个未成对的电子对有机物具有强烈的反应性。为保证木素与氧的反应有适当的速率，必须加碱活化木素，即将酚羟基和烯醇基转变成更有活性的酚盐和烯酮盐。

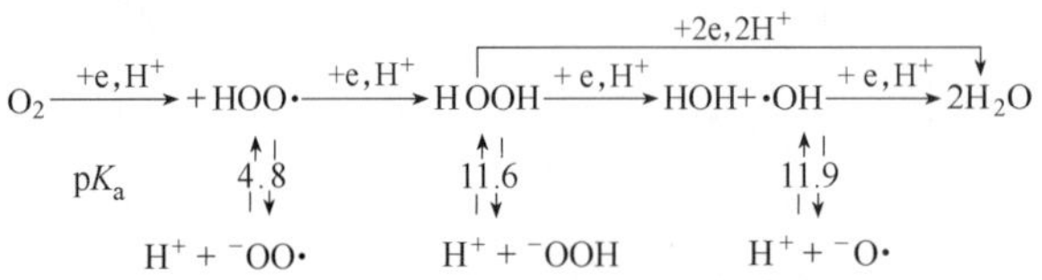

$$O_2 \xrightarrow{+e, H^+} +HOO\cdot \xrightarrow{+e, H^+} HOOH \xrightarrow{+e, H^+} HOH + \cdot OH \xrightarrow{+e, H^+} 2H_2O$$

（上方标注 $+2e, 2H^+$）

$$pK_a \quad\quad 4.8 \quad\quad\quad 11.6 \quad\quad\quad 11.9$$

$$H^+ + {}^-OO\cdot \quad\quad H^+ + {}^-OOH \quad\quad H^+ + {}^-O\cdot$$

图 2-3　氧逐步还原时形成的活性基

分子氧在氧化木素时，通过一系列电子转移，本身被逐步还原，其过程如图 2-3 所示。由图看出，根据 pH 的不同，氧可生成过氧离子游离基（O_2^-）、氢过氧阴离子（HOO^-）、氢氧游离基（$HO\cdot$）和过氧离子（O_2^-）。

图 2-4 为氧与酚型木素结构的反应，首先是通过酚氧离子转移一个电子给分子氧而形成酚氧游离基，继而产生过氧离子游离基（$\cdot O_2^-$）、氢过氧游离基（$HOO\cdot$）和氢过氧化物。后者离解生成的氢过氧阴离子（HOO^-）进攻羰基或进行分子内亲核反应而形成二氧四环中间产物，经过重排形成环乙烷结构、黏康酸衍生物和 α-酮结构，进一步氧化降解生成甲醇、羧酸等产物，而 C_α 和 C_β 连接断裂。

木素衍生的氢过氧化物裂解生成过氧化氢和氢氧游离基。H_2O_2 在碱性条件下转变为氢过氧阴离子，它是一种很强的亲核剂，进攻不饱和结构和环氧乙烷结构，使纸浆白度提高。氢氧游离基是一种很强的亲电剂，除主要与酚氧离子反应生成酚氧游离基外，还将已部分氧化的木素进一步降解为水溶和碱溶的碎片。

在碱性条件下氧与木素结构中环共轭羰基反应，关键的一步是氢过氧阴离子的产生及其后此亲核剂分子内攻击羰基碳原子形成二氧四环结构，此环二烷过氧化物重排最终导致 C_α 和 C_β 连接的断裂。

3. 碳水化合物的降解反应

氧脱木素时碳水化合物的降解化学反应，主要是碱性氧化降解反应，其次是剥皮反应。

在碱性介质中，纤维素和半纤维素会受到分子氧的氧化作用，在 C_2 位置（或 C_3、C_6 位置）上形成羰基。在氢氧游离基进攻下，C_2 位置上形成羟烷游离基，再受分子氧氧化作用生成乙酮醇结构。C_2 位置上具有羰基，会进行羰基与烯醇互换，继而发生碱诱导 β-烷氧基消除反应，导致糖苷键断裂，纸浆的黏度和强度下降。在 C_3 和 C_6 位置上引入的羰基能活化配糖键，通过 β-烷氧基消除产生碱性断裂。

由于氧脱木素是在碱性介质并在 100℃ 或 100℃ 以上进行的，因此，碳水化合物或多或少会发生一些剥皮反应。氧化降解产生新的还原性末端基，也能开始剥皮反应。剥皮反

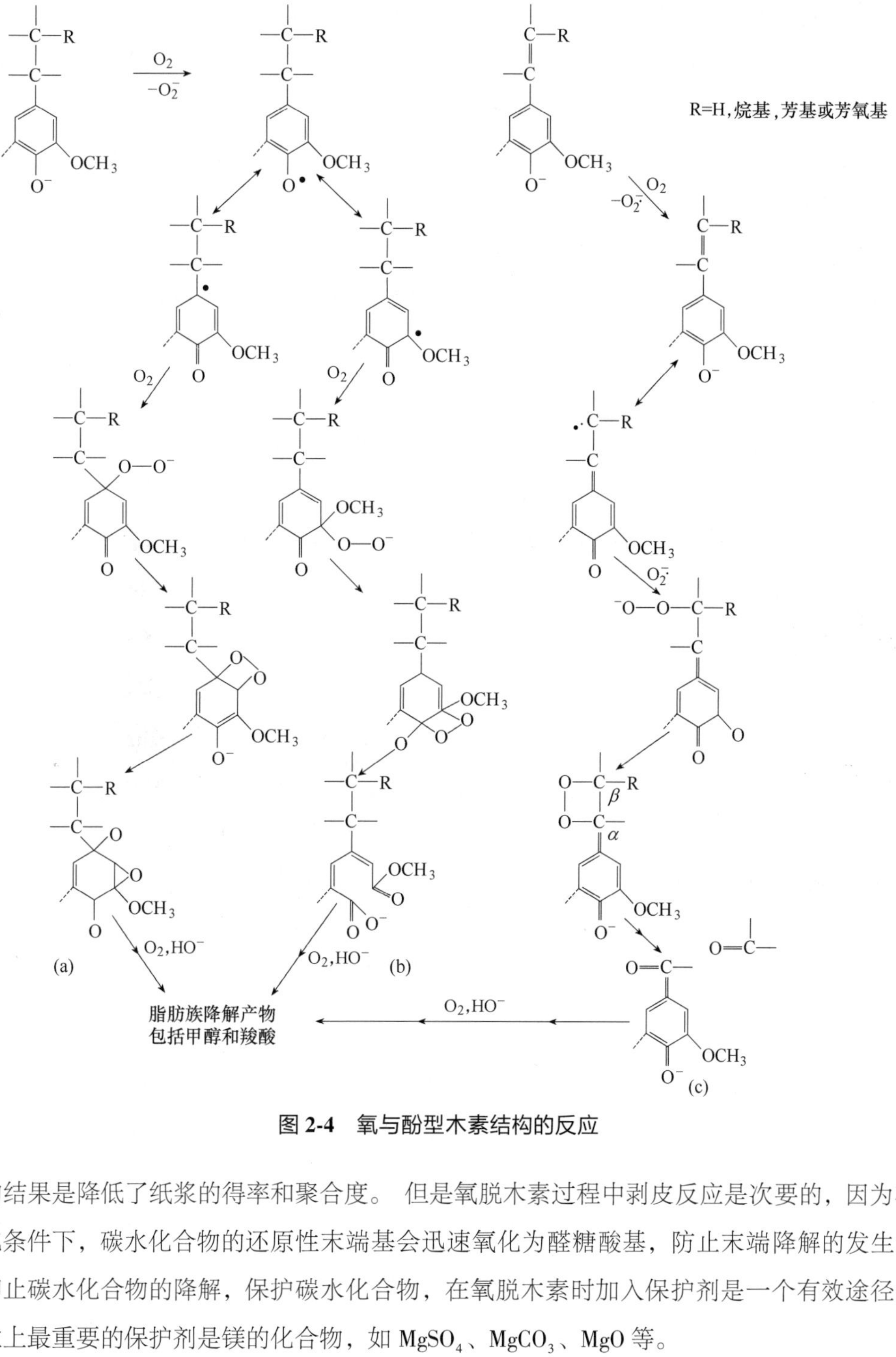

图 2-4　氧与酚型木素结构的反应

应的结果是降低了纸浆的得率和聚合度。 但是氧脱木素过程中剥皮反应是次要的，因为在氧化条件下，碳水化合物的还原性末端基会迅速氧化为醛糖酸基，防止末端降解的发生。为抑止碳水化合物的降解，保护碳水化合物，在氧脱木素时加入保护剂是一个有效途径，工业上最重要的保护剂是镁的化合物，如 $MgSO_4$、$MgCO_3$、MgO 等。

4. 氧脱木素的影响因素

（1）用碱量和碱源　用碱量高，卡伯（Kappa）值低，纸浆得率和黏度也随之降低。用碱量应根据浆种和氧脱木素其他条件而定，一般为 2% ~5%。

（2）pH   pH与用碱量密切相关，工厂数据表明，进入氧脱木素段pH为10.3～12.1。氧脱木素终点（喷放线上测得）pH为10.5时，脱木素选择性最好。

（3）温度和时间   温度一般在90～105℃，时间一般在1h左右。

（4）氧用量和氧压   一般来说，氧的用量在20～30kg/t风干浆之间就已足够，氧压为0.5～0.7MPa。

（5）纸浆浓度   生产上均采用高浓或中浓氧脱木素。

（6）添加保护剂   氧脱木素前进行酸预处理或添加镁的化合物，如$MgCO_3$、$MgSO_4$等。

5. 氧脱木素流程

图2-5为中浓氧脱木素的流程。 粗浆经洗涤后加入NaOH或氧化白液，落入低压蒸汽混合器与蒸汽混合，然后用中浓浆泵送到高剪切中浓混合器，与氧均匀混合后进入反应器底部，在升流式反应器反应后喷放，并洗涤。

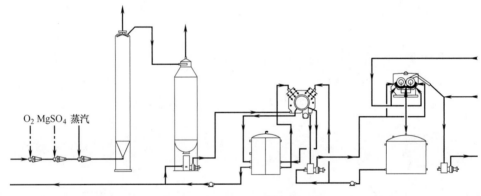

图2-5   中浓氧脱木素流程

氧脱木素是高效清洁的漂白技术，其缺点之一是脱木素的选择性不够好，一般单段的氧脱木素率不超过50%，否则会引起碳水化合物的严重降解。 为了提高氧脱木素率和改善脱木素选择性，目前的发展趋势是采用两段氧脱木素。 段间进行洗涤，也可不洗；化学品只在第一段加入，也可以两段分别加入；一般第一段采用高的碱浓度和氧浓度（用量和压力），以达到较高的脱木素率，但温度较低，反应时间较短，以防止纸浆黏度的下降；第二段的主要作用是抽提，化学品浓度较低，而温度较高，时间也较长。

两段氧脱木素的脱木素率可达67%～70%，且脱木素选择性好，漂白浆的强度高，化学品的耗用量减少，漂白废水的COD负荷降低。

二、二氧化氯漂白

二氧化氯的化学性质与元素氯不同，它有很强的氧化能力，是一种高效、清洁的漂白剂。 二氧化氯漂白的特点是能够选择性地脱除木素和氧化色素，而对纤维素没有或很少损伤，但二氧化氯必须现场制备，生产成本较高，对设备耐腐蚀性要求高。

1. 二氧化氯的性质

二氧化氯的分子式为 ClO_2，相对分子质量为 67.46，凝固点 -59℃，沸点 11℃，气态密度 $2.33kg/m^3$。 二氧化氯气体为赤黄色，液态为红褐色，具有与氯气类似的特殊刺激性气味，有毒，如果直接接触气体，二氧化氯的毒性比氯气要大，它能侵蚀眼睛和呼吸器官，高浓度时会侵入中枢神经致死。 目前规定空气中二氧化氯的最大允许浓度为 $0.3mg/m^3$。

二氧化氯易溶于水，在 4℃、$1.01 \times 10^5 Pa$（一个标准大气压）下 1 体积的水可溶解 20 体积的二氧化氯，溶解度是氯气的 5 倍为 0.047g/L；在 20℃、$1.01 \times 10^5 Pa$ 下其在水中的溶解度为 8.3 g/L。

二氧化氯有强烈的腐蚀性，对一般黑色金属和橡胶都有腐蚀作用。 因此，所有与二氧化氯接触的反应器、吸收塔、贮存罐、管路和泵都必须用耐腐蚀材料制成，较好的耐腐蚀材料有耐酸陶瓷、玻璃、钛或钼钛不锈钢，也可采取内衬铅、玻璃或钛板。

2. 二氧化氯漂白原理

（1）二氧化氯的脱木素与漂白作用　二氧化氯是一种高效的脱木素剂和漂白剂，对于未漂浆或氧脱木素浆，其主要作用是脱木素，增白作用甚少；在后面的漂段，二氧化氯能氧化有色杂质和一些未变化的芳香木素结构；在漂序的末端，二氧化氯是一种有效的增白剂，可将纸浆漂至 90% ISO 左右的白度。 此外，在二氧化氯漂段的酸性条件下，浆中的己烯糖醛酸（HexA）会选择性地水解降解，生成 5-甲酰糠酸（FFA）和糠酸。

（2）二氧化氯与木素的反应　ClO_2 与酚型木素结构的反应，首先是形成酚氧游离基，继而与 ClO_2 形成亚氯酸酯，进一步转变为邻醌或邻苯二酸、对醌和黏康酸单酯或内酯，并释放出亚氯酸或次氯酸。 愈创木基结构转变成黏康酸单酯及内酯的反应增加了浆中残余木素的水溶性和碱溶性。 黏康酸结构及其对应的内酯可进一步氧化成二元羧酸的碎片。 ClO_2 的另一重要反应是氧化酚甲基反应，首先形成邻醌衍生物，然后通过亚氯酸根或二氧化氯进攻醌环上的双键而进一步氧化降解。 图 2-6 为酚型木素结构的 ClO_2 氧化反应。

ClO_2 也与非酚型的木素结构单元反应，反应途径与酚型的木素结构单元类似，首先生成酚氧游离基，再形成亚氯酸酯，继而水解生成黏康酸衍生物和醌，只是反应速率大大减小。

ClO_2 与环共轭双键的反应导致双键的破坏而形成 α、β-环氧化物和次氯酸根游离基的脱除，其后环氧化物在较低 pH 条件下经酸水解生成二醇。

（3）二氧化氯与碳水化合物的反应　二氧化氯漂白的选择性很好，除非 pH 很低或温度

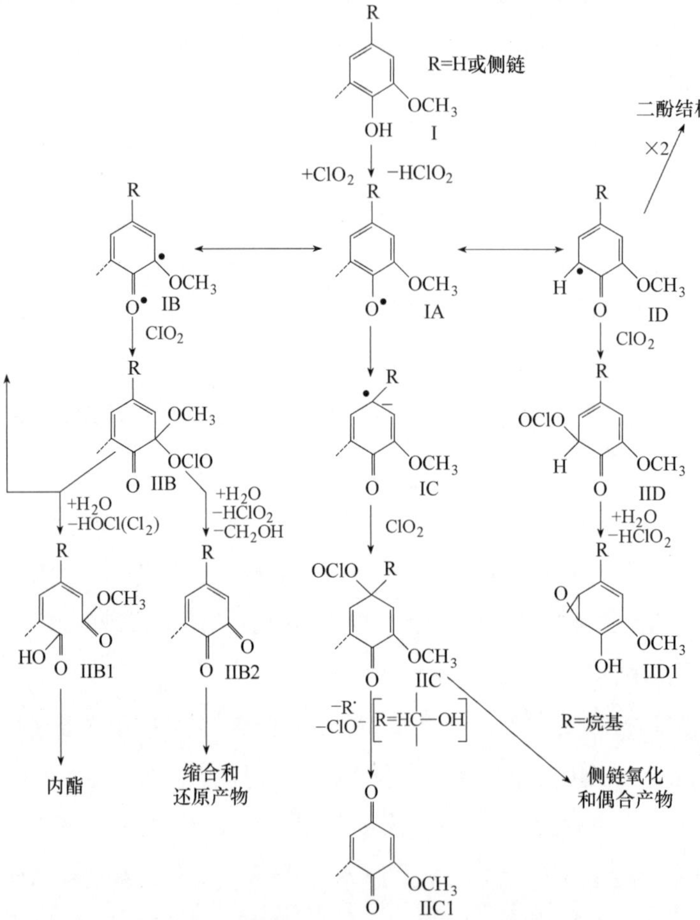

图 2-6　酚型木素结构的 ClO_2 氧化反应

很高，ClO_2 对碳水化合物的降解，比起氧、氯和次氯酸盐要小得多，但 ClO_2 在酸性条件下漂白对碳水化合物会有少许的降解作用，主要表现在酸性降解和氧化反应两个方面。

酸性降解（水解）的结果，使纸浆的黏度下降。漂白时间与 pH 对碳水化合物的酸性水解有影响。pH 为 4 左右对碳水化合物的水解最少。

3. ClO_2 漂白的影响因素

（1）ClO_2 用量　ClO_2 用量主要取决于未漂浆的卡伯值和要求漂到的白度，D_1 和 D_2 段的 ClO_2 用量比 D_0 段低得多，对硫酸盐木浆，通常 D_1 和 D_2 段 ClO_2 总用量为 0.5% ~ 1.5%，其中 D_1 段用量占总用量的 75% 左右时，达到相同白度所需的 ClO_2 总量最少，或者说 25% 左右的 ClO_2 用于 D_2 段时，纸浆的白度最高。

（2）pH　ClO_2 漂白时，pH 的控制是很重要的。一般来说，二氧化氯漂白较合适的漂终 pH 范围为：D_0 段：2 ~ 3，D_1 段：3 ~ 4，D_2 段 3.5 ~ 4.5。

（3）温度　通常二氧化氯漂段采用的温度为：D_0段：40～70℃，D_1段：55～75℃，D_2段60～85℃。

（4）时间　ClO_2与纸浆的反应速度很快，在开始5min内就可消耗75%的ClO_2，白度也很快提高，其后反应速度变慢。通常采用的时间为：D_0段：30～60min，D_1段：2～3h，D_2段2～3h。

（5）浆浓　纸浆浓度在10%～16%对ClO_2漂白反应和漂白效率几乎没有影响。通常为10%～13%。

4. 二氧化氯漂白工艺流程

二氧化氯漂白反应塔有升流-降流反应塔和升流式反应塔两类。以前较多采用升流-降流反应塔，其工艺流程如图2-7所示。洗涤和浓缩后的浆料调节pH和温度后用中浓泵送经中浓混合器，与加入的ClO_2混合后进入升流塔，容积较小的升流塔使挥发性的二氧化氯在液压下保持在溶液中与纸浆反应，而容积较大的降流塔用于完成漂白反应。该流程中降流塔的优点是操作灵活，有一定的调节浆料体积的能力。

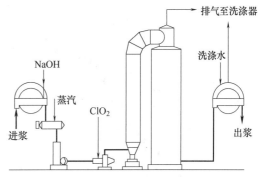

图2-7　设升流-降流反应塔的
二氧化氯漂白工艺流程

三、过氧化氢漂白

H_2O_2既可作脱木素剂，也可作漂白剂，成为TCF漂白不可缺少的组成部分，许多ECF漂白流程也含有过氧化氢漂白段。

1. 过氧化氢的性质

过氧化氢是无色透明的液体，有轻微的刺激性气味。国外工业用商品多为50%～70%的水溶液，国内则多为30%～50%水溶液。不同浓度的过氧化氢溶液的物理性质如表2-2所示。

表2-2　不同浓度的过氧化氢溶液的物理性质

浓度	沸点/℃	熔点/℃	密度（25℃）/（g/cm³）
100%H_2O_2	150.2	−0.42	1.443
70%H_2O_2	125	−40	1.288
60%H_2O_2	119	−56	1.241
50%H_2O_2	114	−52	1.196
H_2O	100	0	0.997

过氧化氢水溶液无毒，有腐蚀性，有杀菌作用。

过氧化氢能与水、乙醇和乙醚以任何比例混合。 纯净的过氧化氢相当稳定，但遇过渡金属如锰、铜、铁及紫外光、酶等易分解，可加少量 N-乙酰苯胺、N-乙酰乙氧基苯胺等作稳定剂。 H_2O_2 水溶液的 pH 对其稳定性有重要的影响。 pH 小于 3 或大于 6，H_2O_2 的分解速率增加，pH 为 4~5 时分解速度最小。 所以，H_2O_2 溶液必须在 pH 4~5 条件下贮存。

过氧化氢水溶液呈弱酸性，并按下式电离：

$$H_2O_2 \rightleftharpoons H^+ + HOO^-$$

$$K_a = \frac{[H^+][HOO^-]}{[H_2O_2]} = 2.24 \times 10^{-12}（25℃）$$

$$pK_a = pH - \lg\frac{[HOO^-]}{[H_2O_2]} = 11.6（25℃）$$

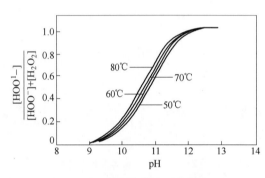

图 2-8　过氧化氢在不同温度和 pH 条件下的电离度

当温度为 25℃时，若 H_2O_2 有一半离解，则 $pH = pK_a$；若 pH 为 10.6，则 H_2O_2 仅有 10%离解成 HOO^-。

图 2-8 为过氧化氢在不同温度和 pH 条件下的电离度，用 $\dfrac{[HOO^-]}{[HOO^-]+[H_2O_2]}$ 表示。

从图中可以看出，温度越高，在同样条件下的电离度越高；pH 在 9~13 时，pH 越高，电离度就越大。

过氧化氢水溶液易受过渡金属离子（锰、铁、铜等）的催化而分解：

$$M^{n+} + H_2O_2 \longrightarrow HO\cdot + OH^- + M^{(n+1)+}$$

$$HO\cdot + HOO^- \longrightarrow O_2^-\cdot + H_2O$$

$$O_2^-\cdot + H_2O_2 \longrightarrow O_2 + HO\cdot + OH^-$$

$$HOO^- + M^{(n+1)+} \longrightarrow HOO\cdot + M^{n+}$$

$$HOO\cdot + OH^- \rightleftharpoons O_2^-\cdot + H_2O$$

$$HO\cdot + HO\cdot \longrightarrow H_2O_2$$

催化分解的结果，除生成 O_2、H_2O 和 OH^- 外，还有 $HO\cdot$、$HOO\cdot$、O_2^- 等游离基，这些游离基对过氧化氢漂白过程中的脱木素和碳水化合物的降解有重要的影响。

2. 过氧化氢与木素的化学反应

过氧化氢是一种弱氧化剂，它与木素的反应主要是与木素侧链上的羰基和双键反应，使其氧化，改变结构或将侧链碎解，反应式见图 2-9。

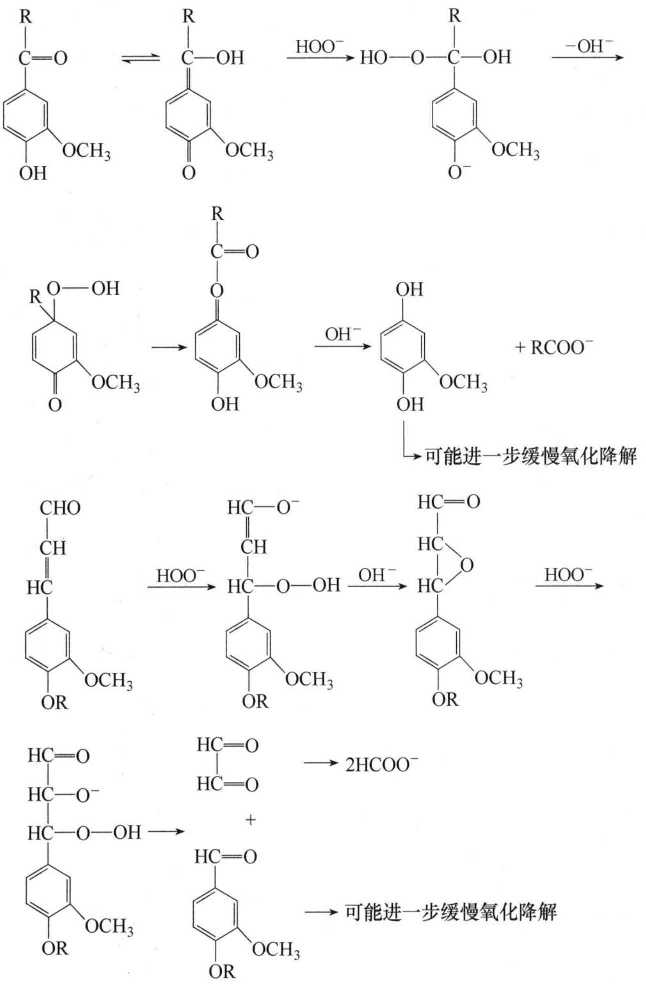

图 2-9 过氧化氢与木素侧链羰基和双键的反应

木素结构单元苯环是无色的，但在蒸煮过程形成各种醌式结构后，就变成有色体。因此，过氧化氢与木素结构单元苯环的反应，实际上就是破坏醌式结构的反应，使其变为无色的其他结构，导致苯环氧化开裂最后形成一系列的二元羧酸和芳香酸，如图 2-10。

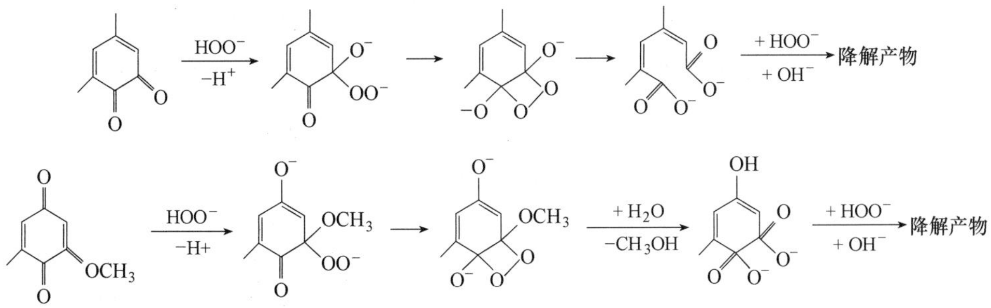

图 2-10 过氧化氢与木素结构单元苯环的反应

过氧化氢漂白过程中形成的各种游离基也能与木素反应。 例如，氢氧游离基与浆中残余木素反应形成酚氧游离基，过氧离子游离基（$O_2^-\cdot$）与酚氧游离基中间产物反应生成有机氧化物，再降解成低分子量化合物。

由此可见，在过氧化氢漂白时，既能减少或消除木素的有色基因，也能碎解木素使其溶出。 过氧化氢漂段的溶出物除木素外，还有低相对分子质量的脂肪酸，如甲酸、羟基乙酸、3，4-二羟基丁酸。 此外，还有聚糖，主要为聚木糖。 但碱性过氧化氢不能降解己烯糖醛酸。

3. 过氧化氢与碳水化合物的反应

在过氧化氢漂白过程中，H_2O_2 分解生成的氢氧游离基（HO·）和氢过氧游离基（HOO·）都能与碳水化合物反应。 HOO·能将碳水化合物的还原性末端基氧化成羧基，HO·既能氧化还原性末端基，也能将醇羟基氧化成羰基，形成乙酮醇结构，然后在热碱溶液中发生糖苷键的断裂。 H_2O_2 分解生成的氧在高温碱性条件下，也能与碳水化合物作用，因此，化学浆经过氧化氢漂白后，纸浆黏度和强度均有所降低。 若漂白条件强烈（例如高温过氧化氢漂白），又没有有效地除去浆中的过渡金属离子，漂白过程中形成的氢氧游离基过多，碳水化合物会发生严重的降解[8]。 因此，必须严格控制好工艺条件。

4. 过氧化氢漂白的影响因素

（1）材种和浆种　过氧化氢漂白效果随材种和制浆方法的不同而异，这主要与浆中抽出物含量有关。 总的来说，阔叶木浆较易漂白，针叶木浆较难漂白；相同的原料，亚硫酸盐浆比硫酸盐法浆好漂些。

（2）H_2O_2 用量　一般来说，随着 H_2O_2 用量的提高，纸浆白度增加。 但用量过高，会出现白度停滞现象。 漂终应有10% ~20%的残余 H_2O_2，否则浆易返黄。 一般来说，若仅有一段过氧化氢漂白，H_2O_2 用量不超过2.5%；若有多个过氧化氢漂段，一段 H_2O_2 用量不超过1.5%，总 H_2O_2 用量不多于4.5%。

（3）pH　过氧化氢漂白时，pH（或碱度）的控制是非常重要的。 试验研究表明，漂初 pH 为10.5 ~11.0，漂终有10% ~20%的残余 H_2O_2，漂初 pH 为9.0 ~10.0，漂白效果较好。

（4）漂白温度和时间　漂白温度和时间是两个相关的因素，在其他条件相同的情况下，温度高，则时间可以短些。 但温度过高，过氧化氢易分解；时间过长，残余 H_2O_2 消失，会发生"碱性变暗"而引起返黄。 一般常压下最高漂白温度为90℃。 压力下漂白温度不超过120℃，以免引起 H_2O_2 的氧—氧键均裂。

5. 过氧化氢漂白工艺流程

目前，工业上既有采用高浓 H_2O_2 漂白，也有采用中浓 H_2O_2 的漂白。 化学浆的 TCF 或 ECF 漂序中，一般采用中浓 H_2O_2 漂白。

图 2-11 为有代表性的常压过氧化氢漂白工艺流程。 碱加入前一漂段来的纸浆中，碱化了的纸浆落入一直管中，在进入中浓浆泵时与加入的 H_2O_2 混合，然后进入升流式反应器进行漂白，漂后纸浆视其后洗浆机进浆的要求以中浓或低浓排出。 H_2O_2 漂白后纸浆通常进行单段洗涤，洗涤设备可采用洗涤压榨、单段鼓式置换洗浆机、常压扩散洗浆机或鼓式真空洗浆机。

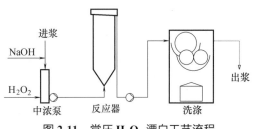

图 2-11 常压 H_2O_2 漂白工艺流程

6. 改善过氧化氢漂白效果的方法

(1)添加 H_2O_2 的稳定剂 减少 H_2O_2 分解的一个有效措施是 H_2O_2 漂白液的稳定化，硫酸镁和硅酸钠是常用的碱性过氧化氢溶液稳定剂。

(2)控制浆中金属离子 浆中存在的金属离子会催化 H_2O_2 分解并产生游离基。 因此， H_2O_2 漂白时必须尽量去除过渡金属离子而保留适量的碱土金属离子。 主要方法有螯合处理和酸处理。

螯合处理是在适当的温度、时间和 pH 等条件下，用螯合剂处理纸浆，然后进行洗涤。螯合剂可分为无机螯合剂和有机螯合剂。 无机螯合剂有三聚磷酸钠（$Na_5P_3O_{14}$）、六偏磷酸钠[（$NaPO_3$）$_6$] 等。 有机螯合剂有 EDTA（乙二胺四乙酸）、DTPA（二乙三胺五乙酸）、HEDTA（羟乙基乙二胺三乙酸）、NTA（次氮基三乙酸）、DTPMPA（二乙三胺五亚基膦酸）等。 螯合处理时 pH 对处理效果有显著的影响。 对 DTPA 和 EDTA，较佳的 pH 为 4～6，螯合段的温度一般为 60～90℃，时间 30～60min。

酸处理是用酸（一般用无机酸 H_2SO_4 或 HCl）对浆进行处理，使浆中金属离子溶出并通过洗涤而除去。 pH 为 3 时，采用较高的温度（75℃），才能更有效地除去浆中的过渡金属离子；pH 为 2 时，处理的温度可以降低，时间也可以缩短。 酸处理段加入 SO_2 或 NaHSO_3，可以增加金属离子的去除，改善其后过氧化氢漂白性能。

可在酸化后进行洗涤，再螯合处理，即 AQ 处理；也可在酸化后不洗涤直接进行螯合处理，即（AQ）处理，先酸化使浆中的金属离子释出，然后加螯合剂螯合释出的金属离子，通过洗涤将其除去。

四、其他化学漂白技术

1. 过氧酸漂白

分子中含有过氧基—O—O—的酸称为过氧酸。 例如过氧甲酸（Pf）、过氧醋酸

（Pa）、过氧硫酸（也称过氧单硫酸或卡诺酸，Px）以及 Pa 与 Px 的混合酸（Pxa）。 在造纸工业中应用的基本上都是过氧醋酸。

过氧酸与木素的反应主要有亲电取代/加成反应和亲核反应。 过氧酸的亲电取代反应，导致羟基化和对苯醌的形成；亲电加成反应，导致侧链 β-芳基醚键的断裂，使木素大分子变小；过氧酸与木素芳环的亲核反应，使苯环开裂并进一步降解溶出；过氧酸与侧链羰基进行亲核反应，继而进行重排，最终导致侧链的断裂。

过氧酸漂白后，浆中残余木素结构发生改变，残余木素中酚羟基和羧基数量增加，提高了木素的亲水性，有利于后续漂段中木素的脱除。

大量的试验研究证明，过氧酸既可作脱木素剂，又可作漂白剂和木素的活化剂。

过氧醋酸用于 ECF 漂白，可减少有效氯用量而达到高白度。 由于 Pa 的成本高，在漂白流程后面一、二段，即浆中木素含量低时使用 Pa 是最合适的。 Pa 段的漂白条件一般为：Pa 用量 5 ~10kg/t 浆，pH 4 ~6，温度 60 ~80℃，时间 1 ~3h。

在 TCF 漂白中，过氧酸可作为一漂段，取代其中一个含氧漂白段，例如用 Pa 来代替 P 段。 如可将 Q（EOP）PP 漂序中的 P 段换做 Pa 段为 Q（EOP）PaP，可提高白度。

2. 臭氧漂白

目前，臭氧漂段已是大多数 TCF 漂白生产线的重要组成部分，也是一些 ECF 漂白生产线的漂段之一。

臭氧是氧的同素异形体。 臭氧是一种很强的氧化剂，其氧化电势如下式所示：

$$O_3+2H^++2e^- \longrightarrow O_2+H_2O \qquad E^0=2.07V$$

臭氧能与木素、苯酚等芳香化合物作用，与烯烃的双键结合，也能与杂环化合物、蛋白质等反应，并具有脱色、除臭的作用。

臭氧不够稳定。 在空气中的分解速度随温度的升高而加快。 臭氧在水中易分解，其分解速率随 OH^- 浓度的增加而增加。

臭氧在水中的主要分解反应如下：

$$O_3+OH^- \longrightarrow \cdot O_2^- +HOO\cdot$$
$$O_3+HOO\cdot \longrightarrow 2O_2+HO\cdot$$
$$O_3+HO\cdot \longrightarrow O_2+HOO\cdot$$
$$2HOO\cdot \longrightarrow O_3+H_2O$$
$$HOO\cdot+\cdot OH \longrightarrow O_2+H_2O$$

金属离子（如 Co^{2+}、Fe^{2+}）的存在，会引发臭氧的分解，而乙酸盐、碳酸盐、碳酸氢盐等可以抑制臭氧的分解。

臭氧是三原子、非线性的氧的同素异形体，有如下 4 种共振杂化体：

$$\overset{O}{\underset{+O\diagdown O^-}{\diagup}} \longleftrightarrow \overset{+O}{\underset{O\diagdown O^-}{\diagup}} \longleftrightarrow \overset{+O}{\underset{-O\diagdown O}{\diagup}} \longleftrightarrow \overset{O}{\underset{-O\diagdown O^+}{\diagup}}$$

这些中介体的双极特性意味着臭氧既可作亲电剂，又可作亲核剂，但其在漂白中起亲电剂作用。 漂白中出现的含氧活性基团中，除 HO· 之外，臭氧是最强的氧化剂。

臭氧与木素反应，引起苯环开裂、侧链烯键和醚键的断裂。 臭氧与芳环反应，导致连续降解，并生成各种有机酸和二氧化碳。 臭氧漂白时，不管是酚型还是非酚型木素结构，都能发生环的开裂，木素侧链双键很容易被臭氧氧化降解，形成的二氧五环，臭氧化物水解导致双链的断裂形成羰基，并有 H_2O_2 生成，木素侧链醇羟基、芳基或烷基醚等可氧化为羰基，醛基则氧化为羧基。 上述反应产物进一步氧化的结果，最后生成 CH_3OH、$HCOOH$、$HCOOOH$、CH_3COOH、CH_3COOOH、CO_2 和 H_2O 等。 臭氧解反应必须在微酸性条件下进行，否则臭氧会迅速分解为氢氧游离基和过氧游离基，这些游离基对纸浆质量有负面作用。

由于臭氧不是选择性的氧化剂，因此它既能氧化木素，也能氧化碳水化合物，使纸浆的黏度、强度和得率下降。

臭氧既可用于 ECF 漂白，也可用于 TCF 漂白。

在 ECF 漂序中引入臭氧的主要目的是减少二氧化氯用量，提高漂白效率。 降低进入 Z 段的纸浆卡伯值，可以改善臭氧漂白的选择性，因此，一般在臭氧漂白前进行氧脱木素。

臭氧可以与二氧化氯在同一漂段进行，以节省一段洗涤，降低能耗。 依漂剂加入的顺序组成（DZ）或（ZD）漂段。 二氧化氯能起游离基清除剂作用，抑制其后臭氧处理的游离基量，而臭氧能破坏二氧化氯处理时产生的 AOX。 在 ECF 漂序中，用（DZ）取代 D_0 特别有效。

氧、臭氧、过氧化氢是纸浆 TCF 漂白的重要漂白剂，Z 段已是多数 TCF 漂序的组成部分。 为了达到高白度和最好的强度性质，臭氧漂段在 TCF 漂序中的最佳位置仍没有明确结论，目前，较为常见的含臭氧漂段的 TCF 漂序有：ZEP、OPZ、OPZP、OZQP、OZQPP、OQPZP、OQPZ（PO）、O（ZQ）（EOP）P 等。

3. 生物漂白

生物漂白就是利用微生物或其产生的酶与纸浆中的某些成分作用，形成脱木素或有利于脱木素的状态，并改善纸浆的可漂性或提高纸浆白度的过程。

生物漂白的目的，主要是节省化学漂剂，改善纸浆性能，实现清洁生产，减少漂白污染。

纸浆生物漂白用酶主要有两类：半纤维素酶（Hemicellulase）和木素降解酶（Ligninase）。 目前，工业中应用的主要为半纤维素酶辅助漂白。

用于纸浆漂白的半纤维素酶主要是聚木糖酶。聚木糖酶系主要包括三类：①内切 β-聚木糖酶，优先在不同位点上作用于聚木糖和长链木寡糖。②外切-β-聚木糖酶，作用于聚木糖和木寡糖的非还原端，产生木糖。③β-木糖苷酶，作用于短链木寡糖，产生木糖。聚甘露糖酶在过氧化物系列漂白中的作用与聚木糖酶相似，但在含氯漂序前预漂作用非常小，这可能与酶分子的结构和大小不同有关。聚木糖酶能渗透进入纸浆纤维微孔中，作用于纤难表面和内部，甘露聚糖酶只在纤维表面起作用。聚木糖酶因为作用明显，生产成本较低、适应性强而成为工业化应用的半纤难素酶。

漆酶/介体系统用于纸浆脱木素的漆酶是一种含酮的糖蛋白。漆酶的氧化还原电势较低，仅为 $300 \sim 800 mV$（对标准氢电极），只能氧化降解酚型的木素结构单元，而不能氧化降解在植物纤维木素结构中占大多数的非酚型结构单元。20 世纪 90 年代初发现一种染料化合物 ABTS-2，2'-联氮-二（3-乙基苯并噻唑-6-磺酸）可以作为漆酶氧化还原传递电子的介体，随后又找到 HBT-1-羟基苯并三唑、NHA-N 羟基乙酰苯胺、VC-紫尿酸等也是有效的催化漆酶的介体，近年又发现制浆黑液及其降解产物中的小分子酚类化合物也可作为催化漆酶的天然介体。

漆酶/介体系统（Laccase-Mediator System，简称 LMS）对木素的氧化机理要如图 2-12 简化表示，包括两种反应：一是在氧存在下，介体被漆酶氧化，氧被还原成水；二是氧化了

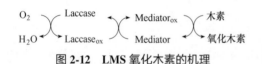

图 2-12　LMS 氧化木素的机理

的介体对木素的氧化降解。换言之，有效的介体必须是漆酶的底物，氧化了的介体必须能有效氧化木素。

筛选和培育具有优良产酶能力的菌株，实现漆酶规模化生产，构建高效的漂白体系，是实现 LMS 全无氯漂白工业化的关键。

第四节　化学浆的电化学漂白

近年来，寻求对环境具有友善性、能够减少化学药品用量、操作简单、具有高脱木素选择性的纸浆漂白新方法成为造纸科研工作者们关注的热点。纸浆的电化学漂白是利用电化学的方法对纸浆中的残余木素进行结构改变和溶出的漂白方法。该方法主要是将电能转换为化学能，产生具有氧化性或还原性的化学物质，参与纸浆漂白反应，从而减少化学药品用量，具有木素脱除选择性可控以及对环境具有兼容性等特点。

一、纸浆电化学漂白的基本原理

随着人们环保意识的不断增强和环保要求的日益严格，传统漂白废水中的有机氯化物

（尤其是 AOX）对环境的危害已引起人们的高度关注。 在保持纸浆质量的前提下，降低未漂浆硬度，少用甚至不用含氯漂剂进行漂白，成为当前造纸工业解决漂白污染问题的关键。 近年来，随着纸浆漂白技术的不断进步和电化学科学技术的不断发展，电化学方法[9-11]用于纸浆的漂白逐渐引起了国内外造纸工作者的关注和重视。 电化学用于纸浆漂白的研究在 20 世纪 30 年代就有报道，但仅限于电化学含氯漂白，至 20 世纪八九十年代无氯电化学漂白逐渐得到关注，尤其是基于漆酶介体体系纸浆漂白基本机理之上发展起来的电化学介体漂白，在近两三年内得到了较多科学工作者的研究，其进展较为显著。

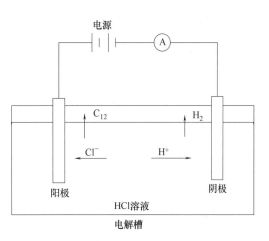

图 2-13 电解槽示意图

在电化学反应中，利用电能引起电化学反应的装置叫作电解槽或电解池，如图 2-13 所示，当在阴、阳极板之间施加电压时，阳极易于发生氧化反应，同理，阴极易于发生还原反应。 在图 2-13 所示体系中，阳极反应是 Cl⁻ 被氧化成 Cl₂，阴极反应为 H⁺ 被还原为 H₂。 其电极反应式分别为：

阳极反应：　　　　　　　　　$Cl^- = 1/2Cl_2 (g) + e$　　　氧化反应

阴极反应：　　　　　　　　　$1/2H_2 (g) = H^+ + e$　　　还原反应

由上述体系可知，电解槽中的阳极实际上可以看作是一个 "氧化剂"，而阴极则是一个 "还原剂"，纸浆的电化学漂白利用的正是电极的这种氧化还原性能。 但在纸浆悬浮液的非均相体系中，木质素不可能在阳极或阴极上直接发生氧化或还原反应，因而，纸浆的电化学漂白只能通过间接电解来完成，即利用电化学产生的氧化还原物质作为反应剂或催化剂，使木质素结构发生变化，达到漂白或脱除木质素的效果。 间接电解可分为可逆过程和不可逆过程。 可逆过程（媒介电化学氧化/还原）指的是氧化还原物质在电解过程中可电化学再生和循环使用。 如在电解质中加入金属氧化物等物质，在电化学过程中被氧化为高价态，然后高价态物质去氧化目标物[12]，而本身被还原成原价态，达到循环使用的目的。 不可逆过程指利用电化学反应产生的物质，如具有氧化性的氯酸盐、次氯酸盐、过氧化氢等氧化目标物的过程。 当然，也可利用产生的具有还原性的物质来进行可逆或不可逆电解。

总之，纸浆的电化学漂白的基本原理就是在电流的作用下，通过电极反应（阳极反应或者阴极反应）产生具有漂白作用的化学物质，来进行纸浆的间接可逆或不可逆漂白。

目前，对于纸浆的不可逆电化学漂白的研究主要包括电化学含氯漂白、电化学过氧化氢漂白、电化学连二亚硫酸盐漂白。可逆电化学漂白的研究包括电化学催化的氧碱漂白和电化学介体漂白。

二、纸浆的不可逆电化学漂白

1. 纸浆的电化学含氯漂白

纸浆传统含氯漂白中一般以氯气、次氯酸盐或二氧化氯为漂白剂。试剂的气体形态给储存、运输和操作都带来了极大的不便。电化学含氯漂白就是利用电化学方法电解食盐产生的氯以及含氯化学物质对纸浆进行漂白。食盐稳定且廉价，消除了传统含氯漂白的缺点。其实，造纸工业中使用的许多基本化学原料如 NaOH、Cl_2、NaClO 等均是采用电化学方法电解氯化钠而得来的。1938 年 Pomilio[13, 14] 在经过了二十几年的研究后，提出了采用电解氯化钠溶液进行纸浆漂白，最终电解液经浓缩蒸发得到蒸煮所需的碱和蒸汽的方法，此外，还对各原料的适应性和经济可行性做了研究，认为该方法可生产出不同级别的浆料且具有较好的经济效益。在电解氯化钠溶液对纸浆进行漂白时，在电解槽中发生如下电化学反应：

阳极反应：
$$6Cl^- \longrightarrow 3Cl_2 + 6e$$
$$12ClO^- + 6H_2O \longrightarrow 4ClO_3^- + 8HCl + 4H^+ + 3O_2 + 12e$$

液相反应：
$$3Cl_2 + 3H_2O \longrightarrow 3HClO + 3Cl^- + 3H^+$$
$$HClO \longrightarrow ClO^- + H^+$$
$$ClO^- + 2HClO \longrightarrow ClO_3^- + 2Cl^- + 2H^+$$

阴极反应：
$$6H^+ + 6e \longrightarrow 3H_2$$

溶液中存在着 Cl_2，HClO，ClO^-，ClO_3^-，木质素的氯化和氧化同时进行。专利表明，采用电流密度为 $0.2 \sim 0.24 A/cm^2$，质量分数为 6% 的 NaCl 溶液为电解液，在电解过程中，氢离子被还原，氯离子被氧化，溶液 pH 逐渐升高，由最初的 2.0 升高到最后的 12.3。Nassar 等[15-17] 分别用石墨和不锈钢作阳极和阴极，用 NaCl 作电解液进行电化学含氯漂白，分别对电流密度、NaCl 浓度、浆浓、pH 及温度对最终漂白效果的影响做了研究，发现增加电流密度、NaCl 浓度和温度均能有效促进漂白的进行，而增加 pH 和浆浓均不利于最终漂白效果的提高，其能量消耗取决于电流密度和最终浆所需的白度。优化后的电化学含氯漂白能够使白度达到 60%ISO 以上，与传统 CEH（C：氯化，E：碱处理，H：次氯酸盐漂）三段漂相比，具有明显的优势，如表 2-3 中所示，在达相同白度和相近黏度时，电化学方法漂白可使漂白时间缩短 1/4 以上。

表 2-3　CEH 化学漂白与单段电化学漂白比较

		化学漂白	电化学漂白
漂白条件	C　pH: 2　有效氯: 6% 　　浆浓: 3%　温度: 288K		pH: 11.1 电流密度: 40mA/cm²
	E　pH: 11　NaOH: 2% 　　浆浓: 10%　温度: 325K		NaOH: 2% 电解质: 6%NaCl 溶液
	H　pH: 12　有效氯: 1.5% 　　浆浓: 10%　温度: 303K		浆浓: 2% 温度: 313K
至 60% ISO 需时间		255min	180min
黏度/mPa·s		24	21

注: 纸浆初始黏度: 26×1mPa·s。

Varennes 等对卡伯值为 30 的硫酸盐浆也做了基本相同的研究, 能够使浆料最终达到 70% ISO 的白度, 并建立了浆料白度和能量消耗的数学模型, 在最终浆料的各项性能与 CEH 漂白浆相同时, 电化学含氯漂白的费用要略高于 CEH 漂白。 张光华等采用石墨为阳极材料, 对杨木硫酸盐浆进行了电化学含氯漂白, 在初始 pH 为 6.5 的情况下, 经 60min 处理后, 能够将高锰酸钾值为 15.4 的浆料漂至 60% ISO 的白度, 但浆的最终黏度有较大程度的下降。

针对在电化学含氯漂白过程中, 当 pH 为 3~8 时, 溶液中的 HClO 对纤维素降解严重的问题, Schwab 等提出了采用两段法电化学漂白来提高最终漂白浆黏度的方法。 第一段电解在 pH 小于 2 的情况下进行, 第二段在 pH 大于 8 的情况下进行。 在第一段 NaCl 溶液浓度为 1.5%, 浆浓为 3%, 电流密度为 0.06A/cm², 处理 30min 后, 白度由 47.0% ISO 提高到 77.2% ISO。 第二段中 pH 为 11 的情况下, 用相同浓度的 NaCl 溶液, 在 6% 浆浓下处理 2h, 能够使白度增至 80% ISO 以上。

Bhattacharjee[18] 等利用氯酸盐和钒化合物进行了纸浆的电化学漂白的研究。 当氯酸盐和钒化合物与纸浆混合后, 低价态的钒离子与氯酸盐反应生成二氧化氯, 从而达到纸浆的二氧化氯漂白的效果, 被氧化了的钒离子在电解槽中的不锈钢阴极上发生还原反应, 重新转变为低价态, 再和氯酸盐反应生成二氧化氯, 如此循环使用。 钒化合物在此作为催化剂使用, 其浓度较低。 对于经 C_DE 处理后, 高锰酸钾值为 3.0, 白度为 43% ISO 的针叶木浆而言, 10g 该浆在含有 1g 氯酸盐, 0.58g 氯化钠和 0.012g 钒酸盐溶液中, 60℃, pH 为 2.2 情况下, 处理 2h, 能够使白度达到 80% ISO 左右, 但黏度有所下降, 而在溶液中加入氨基类保护剂后, 黏度的损失较少, 与常规 ClO_2 漂白相比, 仅从常规 ClO_2 漂白的 20mPa·s 下降到 19.7mPa·s。

2. 纸浆的电化学过氧化氢漂白

过氧化氢用于化学浆的漂白, 在较长的一段时间内, 主要是用于多段漂白的最后一段，以达到更高的白度，并改善纸浆的白度稳定性。 直到 20 世纪 80 年代后期，由于环境对含氯漂白剂使用的限制，过氧化氢用于化学浆的漂白才迅速增长。 H_2O_2 既可作脱木素剂，也可作漂白剂，成为 ECF 和 TCF 不可缺少的组成部分。 减少过氧化氢的生产成本以及提高其反应效率是降低 ECF 和 TCF 纸浆生产成本的关键。 目前，工业上生产过氧化氢的方法主要为蒽醌法，该法以烷基蒽醌作为载体，经甲基偶氮苯等催化剂催化加氢变为蒽氢醌，加空气氧化，用去离子水萃取 H_2O_2，再经纯化、浓缩变成产品。 其生产过程复杂，所需费用高。 所产 H_2O_2 需与碱混合使用，生成具有漂白作用的 HOO^-。 其实，在电化学条件下，可通过氧阴极还原反应来制得 HOO^-。

阳极反应：$$4OH^- \longrightarrow 2H_2O + O_2 + 4e$$

阴极反应：$$2H_2O + O_2 + 4e \longrightarrow 2HO_2^- + 2OH^-$$

总反应：$$2OH^- + O_2 \longrightarrow 2HO_2^-$$

利用氧气阴极还原反应来制得的过氧化氢不用进行提纯，并且在生产过程中不使用有机溶剂和催化剂，不存在溶剂的回收问题。 电化学产生的 H_2O_2 浓度可达到 4.0% ~ 4.5%，与纸浆漂白时的过氧化氢浓度基本相同，使用时不用进行稀释，可直接用于纸浆漂白，据分析认为，采用氧阴极还原反应制取过氧化氢比采用传统蒽醌法生产 H_2O_2 的成本要低 15% 左右。 但近年来，随着蒽醌法 H_2O_2 生产线的规模化生产以及工艺优化，蒽醌法生产 H_2O_2 与电化学制取 H_2O_2 的成本已基本相当，甚至略高于市售价格。 此外，电解法制备的 H_2O_2 溶液中 NaOH 浓度较高，碱性过大，限制其在纸浆漂白中的应用。 因而该方法在制浆工业中未被广泛采用。

3. 电化学连二亚硫酸盐漂白

目前，连二亚硫酸盐漂白主要用于机械浆的漂白。 效率较高的单段连二亚硫酸盐漂白能够使浆料白度提高 10% ISO 左右[19]。 工厂中使用的连二亚硫酸盐通常都是用硼氢化钠或甲酸钠与亚硫酸氢盐发生还原反应制得的。 但采用这种方法制得的连二亚硫酸盐中含有较高浓度的硫代硫酸钠（1 ~ 10g/L）和未反应的亚硫酸氢盐，而其中的硫代硫酸钠对设备具有较强的腐蚀性。 采用电化学方法生产连二亚硫酸盐能够避免上述缺点。 对于电化学法制取连二亚硫酸盐的研究已有较多报道，并已实现了工业化。 其反应是在电解槽的阴极室中进行的，用不锈钢或石墨作阴极，亚硫酸氢钠作电解液。 阴极室和阳极室用阳离子交换膜隔开，阳极室中用 NaOH 作电解液，在 10 ~ 30℃，pH5 左右，亚硫酸氢钠浓度为 1mol/L，4V 电压下电解合成，电流效率能够达到 80%，最终连二亚硫酸钠浓度能够达到 15% 左右[20]。 纸浆电化学连二亚硫酸盐漂白过程中，发生的反应有：

阴极反应：$2HSO_3^- + 2H^+ + 2e \longrightarrow S_2O_4^{2-} + 2H_2O$　$E^0 = 0.10$　对 SHE（标准氢电极）

化学反应：$S_2O_4^{2-}+2H_2O+木质素\longrightarrow 2HSO_3^-+2H^++还原态木质素$

阳极反应：$4OH^-\longrightarrow 2H_2O+O_2+4e$

Hu 等采用电化学方法对机械浆进行了连二亚硫酸盐漂白的研究。在 pH 为 5.5，Na_2SO_3 浓度为 92.0g/L，温度为 60℃，电流为 4.0A 的情况下对浆料处理 60min，使机械浆白度由最初的 50.6% ISO 上升到 62.0% ISO，高于用常规连二亚硫酸盐漂白的 57.1% ISO。但由于其能耗较高，要实现工业化仍需要做进一步的研究和改进。

三、纸浆的可逆电化学漂白

1. 电化学催化的氧脱木素

合适的催化剂能够有效提高氧漂的反应速度和脱木素选择性。某些过渡金属离子由于具有可变化合价，能够发生氧化还原反应，微量状态下就能够大大提高氧脱木素速率。Landucci 等研究发现在 150℃，氧压 965kPa 的条件下加入 0.1% 的 $MnSO_4$ 可使氧脱木素速率提高到原来的 1.9 倍，同时纸浆黏度还有一定程度的提高。加入 0.1% 的 $CuSO_4$ 可使脱木素速率提高到原来的 2.5 倍，但纸浆黏度大幅度降低。漂白过程中加入电流，可使被消耗的过渡金属离子在阳极不断再生，有利于反应继续进行。Perng 等采用不锈钢作阳极材料，在温度 75℃、pH 14、电流 1A、氧压 1.1MPa、漂白时间 1h 的条件下使用 $K_3[Fe(CN)_6]$ 作催化剂，使纸浆卡伯值从 29.2 降低到 1 左右，白度从 24.4% ISO 提高到了 70% ISO。Hull 等在常压下也做了相同的研究，其研究结果与 Perng 等基本一致，同样浆的黏度下降较大。为达到保护纤维素的目的，Godsay 等在 Hull 等的基础上分别研究了添加各种保护剂的脱木素效果，发现在传统氧碱处理中，具有保护纤维素功能的各种助剂在电化学催化脱木素中基本没有效果，而在传统氧碱处理中，不具有保护纤维素功能的氨基类化合物在电化学催化 $K_3[Fe(CN)_6]$ 常压氧气漂白中，能够有效提高脱木素的选择性。Perg 等[21]认为在电流作用下氧碱漂白机理可表述为如下反应：

链引发：$$O_2+e^-\longleftrightarrow O_2^-\cdot$$

$$L^-+O_2\longrightarrow L\cdot +O_2^-\cdot$$

$$L^-+M^{n+}\longrightarrow L\cdot +M^{(n-1)+}$$

$$M^{(n-1)+}\longrightarrow 阳极 \longrightarrow M^{n+}+e^-$$

链增长：$$L^-+O_2\longrightarrow L-O-O\cdot$$

$$L-O-O\cdot +L-\longrightarrow L-O-O^-+L\cdot$$

$$L-O-O\cdot +O_2^-\cdot \longrightarrow L-O-O^-+O_2$$

$$L-O-O^-\longrightarrow 深度降解$$

链终止：$$L\cdot +L\cdot \longrightarrow L-L$$

上式中，L——木质素，M——过渡金属。

Perng 等还对不同电流下的电化学氧碱漂白速率进行了研究，发现氧气的反应级数随着电流的增加而下降，认为电流的加入改变了氧脱木素的机理，使上述链反应的限速步从有氧气参加的步骤变成有铁氰化钾参加的步骤，氧脱木素反应速率受化学反应和扩散共同控制，是一个单步过程。

Elod L. Gyene 等用石墨作阳极材料研究了在氧压 101kPa、pH 9.0、温度 80℃、浆浓为 1% 的条件下加入 Mn^{3+}CyDTA（氨基多羧酸锰）的电化学氧脱木素效果，通以 $102A/m^2$ 的电流，3h 后纸浆卡伯值从 30.0 降低到 15.0，黏度从 34.6MPa·s 降到 20.5MPa·s。 在相同条件下不加电流和 Mn（Ⅲ）CyDTA，卡伯值从 30.0 降低到 27.2，黏度从 34.6mPa·s 降到 30.3MPa·s。 加入电流和催化剂，反应速率大大提高，卡伯值大幅度降低，但同时纤维素的降解程度也相应加大。

在电化学催化氧漂中，过渡金属离子催化剂和电化学方法的使用虽能有效提高脱木素的选择性和速度，但由于设备复杂以及金属离子对废水和后续漂白的负面作用，阻碍了其在工业中的广泛应用，催化剂的选择以及合适的电极材料是提高氧漂速度和脱木素选择性的关键因素，仍有待于进一步研究。

2. 电化学介体脱木素

电化学介体脱木素是在漆酶介体脱木素体系的基础上逐渐发展起来的，其中的介体充当着电子转移的媒介，起着类似于化学反应中"催化剂"的作用。 在该体系中充当介体的物质，首先在电极上被氧化成为氧化态形式，然后这种氧化态物质再与木素发生反应，使木素结构发生变化，从而溶出或在后续处理过程中溶出，达到脱除木素的效果。 而介体本身被木素还原为原态，再在电极上被再次氧化，达到催化脱木素的效果，其基本过程如图 2-14 所示。

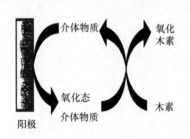

图 2-14　电化学介体脱木素原理示意图

在该过程中催化介体的氧化态需要有高于木素氧化电势的氧化还原电势。 此外，还需要有较高的氧化还原可逆性，从而能够实现循环催化，降低介体的使用量，提高电化学介体的脱木素效率。 不同催化介体的电化学介体脱木素技术在后续章节中将进行详细介绍。

参 考 文 献

［1］ 郎宏伟，肖静，杨光.漂白工艺的发展［J］.湖南造纸，1999，（4）：29-31.

［2］　钱学仁，安显慧.纸浆绿色漂白技术［M］.北京：化学工业出版社，2008.

［3］　陈嘉翔.现代制浆漂白技术与原理［M］.广州：华南理工大学出版社，2000.

［4］　聂双喜，王双飞，覃程荣.纸浆 ECF 漂白过程 AOX 形成机理研究进展［J］.造纸科学与技术，2014，（1）.

［5］　杨斌，张美云，徐永建.ECF 和 TCF 漂白发展现状与研究进展［J］.黑龙江造纸，2012，40（3）：24-27.

［6］　张震宇.造纸工业环境保护现状、进步与发展要求［J］.造纸信息，（19）：57-58.

［7］　陈嘉翔.制浆原理与工程［M］.北京：中国轻工业出版社，1990.

［8］　Teder A，Törngren A. Reduction of the Formation of AOX in DC Bleaching by Addition of Chloride Ions［J］.Journal of pulp and paper science，1995，21（3）：J86-J91.

［9］　王德汉，陈嘉翔，余家鸾.过氧酸脱木素和漂白研究近况［J］.纤维素科学与技术，1997，（1）.

［10］　赵建，石淑兰，胡惠仁.过氧酸预处理时过氧酸与木素的反应机理［J］.纤维素科学与技术，（03）：59-64.

［11］　Sasaki T，Kajino T，Li B. New pulp biobleaching system involving manganese peroxidase immobilized in a silica support with controlled pore sizes［J］. Appl. Environ. Microbiol. ，2001，67（5）：2208-2212.

［12］　Call H，Mucke I. State of the art of enzyme bleaching and disclosure of a breakthrough process［C］.Proc. Non-chlorine bleaching conference，Amelia Isl. ，FL，1994.

［13］　Amann M. The Lignozym process coming closer to themill［J］.Proceeding of the 9th ISWPC，Montreal，May F4-1-F4-5，1997.

［14］　王伟，陈嘉翔，高培基.桉木、蔗渣 KP 浆生物漂白的研究［J］.中国造纸学报，1995，（S1）.

［15］　Rajeshwar K，Ibanez J G，Swain G M. Electrochemistry and the environment［J］.Journal of applied electrochemistry，1994，24（11）：1077-1091.

［16］　Mellor R B，Ronnenberg J，Campbell W H. Reduction of nitrate and nitrite in water by immobilized enzymes［J］.Nature，1992，355（6362）：717-719.

［17］　黄艳娥，琚行松，刘会媛.电化学催化降解水中有机污染物技术［J］.化工生产与技术，（02）：14-17+48.

［18］　Pomilio U. Industrial researches on the production of pure cellulose：qualitative aspects of the industrial problem of cellulose［J］.J. Chem. Ind，1928，1：27-32.

［19］　Nassar M M. Effect of a chromium salt on the electrochemical bleaching of sulphite pulp［J］.Surface technology，1984，21（3）：301-307.

［20］　Nassar M. Electrochemical bleaching-A novelmethod for bleaching kraft and sulphite pulps ［ J ］.Journal of Pulp and Paper Science，1985，11（1）.

［21］　Leutner B，Scizi G，Lukas S. Continuous manufacture of sodium dithionite solutions by cathodic reduction. Google Patents，1979.

第三章　电化学含氯漂白

电化学含氯漂白在20世纪30年代就有所报道[1]。 当时Pomilio[2-4]在经过了二十几年的研究后，提出了采用电解氯化钠溶液进行纸浆漂白。 即采用电解液经浓缩蒸发得到蒸煮所需的碱和蒸汽的方法，并认为该方法可生产出不同级别的浆料且具有较好的经济效益。

电化学含氯漂白省去了常规含氯漂白中氯的制备、储存和运输等问题，工艺简单。 此外，所用电解液经漂白后仍可继续使用，达到循环使用的目的，能够大大减少漂白的用水量。 此外，部分漂白废液中的有毒物质能够在电极上发生降解或者电化学燃烧，从而较常规含氯漂白降低了对环境的污染[5]。

第一节　纸浆的单段电化学含氯漂白

一、电化学含氯漂白的基本原理

电化学含氯漂白是采用电化学方法电解氯化钠获得次氯酸盐，从而对纸浆进行漂白的过程[6]。 在电解氯化钠溶液时，电解槽中发生如下电化学反应：

阳极反应：
$$6Cl^- \longrightarrow 3Cl_2 + 6e$$

$$12ClO^- + 6H_2O \longrightarrow 4ClO^{3-} + 8HCl + 4H^+ + 3O_2 + 12e$$

液相反应：
$$3Cl_2 + 3H_2O \longrightarrow 3HClO + 3Cl^- + 3H^+$$

$$HClO \longrightarrow ClO^- + H^+$$

$$ClO^- + 2HClO \longrightarrow ClO^{3-} + 2Cl^- + 2H^+$$

阴极反应：
$$6H^+ + 6e \longrightarrow 3H_2$$

溶液中存在着Cl_2、$HClO$、ClO^-、ClO^{3-}，这些氧化性物质可以与纸浆纤维中的木素、纤维素等发生氯化和氧化反应。 其反应与前面章节中介绍的次氯酸盐漂白、氯化处理等相似，在此不再进行详述。

二、单段电化学含氯漂白

1. 不同条件下电化学含氯漂白

为研究电流及电解质单独对纸浆进行漂白时是否具有漂白效果，分别对纸浆进行了不同条件下的漂白，包括只用电流处理、只用 NaCl 处理以及用 NaCl+电流进行处理三种条件的漂白，其漂白结果如表 3-1 所示，其中通电流时电压均调节至 3.5V，使用 NaCl 时，其在电解液中含量均为 3.5%。 由表 3-1 中可看出，只通电流和只用 NaCl 对纸浆进行处理，不能起到提高浆料白度的效果，其白度与原浆的 36.3% ISO 相比，基本没有明显变化。 这说明仅依靠电极板的"氧化"作用不能达到漂白纸浆的效果。 当对纸浆采用 NaCl+电流处理时，浆的白度有了较大程度的提高，由原来的 36.3% ISO 提高到 60.5% ISO，同时浆的黏度也有一定程度的下降。 这表明，在 NaCl 溶液中通以电流能够有效提高纸浆白度，达到漂白纸浆的效果。

表 3-1　不同条件下纸浆的电化学漂白结果

项目	原浆	电流	NaCl	电流+NaCl
白度/% ISO	36.3	39.5	39.0	60.5
黏度/（cm³/g）	1235	1237	1230	989

注：其他漂白条件：初始 pH9.0，温度 40℃，时间 90min。

2. 初始 pH 对电化学含氯漂白效果的影响

在氯水体系中，由于 pH 不同，其占主要成分的物质不同。 因而，pH 对漂白效果有较大程度的影响。 随初始 pH 的逐渐升高，最终浆的白度先上升后下降，以初始 pH 为 5.0 时最高，而黏度在 pH 为 5 时达到最低，如图 3-1 所示。 浆的黏度随着 pH 的增加呈现为先下降而后逐渐上升的趋势。 当 pH 高于 8.0 时，黏度增加缓慢，基本趋于平稳趋势。 一般认为，初始 pH 为 8.0 较为适宜。

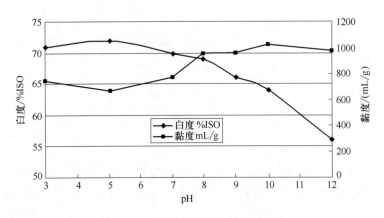

图 3-1　pH 对电化学漂白结果的影响
（其他工艺条件：温度 40℃，电压 3.5V，时间 120min，NaCl 3.5%）

3. 时间对电化学含氯漂白的影响

随着时间的逐渐延长，浆的白度逐渐增加，当漂白时间为 120min 时，其白度可达到

70% ISO 左右。 继续延长时间，浆的白度仍有所增加，但增加幅度较小，白度上升缓慢，至 240min 时，仅增加至 73.0% ISO。 浆的黏度随着漂白的进行，逐渐下降。 当漂白时间大于 120min 时，其下降速度有所增加。 如图 3-2 所示。 由漂白结果可得出，漂白 120min 时可较为轻松地将初始白度为 36.3% ISO 的纸浆漂至 70% ISO 左右的白度，若要进一步提高白度，仅依靠延长时间较难达到。 120min 的漂白时间是较为合理的。

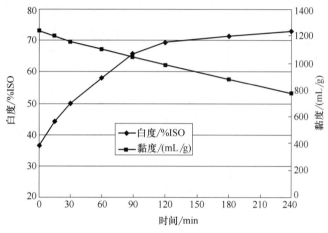

图 3-2 时间对电化学漂白结果的影响

（其他工艺条件：温度 40℃，电压 3.5V，pH8.0，NaCl 3.5%）

4. 温度对电化学漂白的影响

提高电化学漂白的温度，在一定程度上有利于提高纸浆的最终白度。 但温度过高，尤其是高于 40℃后，其白度反而有所降低。 以温度为 40℃时最高，可将初始白度为 36.3% ISO 的纸浆漂至为 69.0% ISO，如图 3-3 所示。 升高或降低温度，浆的白度均降低。 黏度随温度的逐渐升高，逐渐下降。 综合考虑浆的白度和黏度，一般认为 40℃的处理温度较为适合。 这与传统的次氯酸盐漂白的温度基本一样。

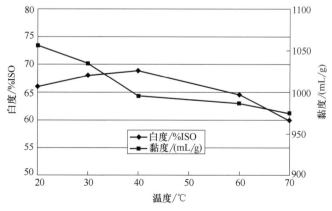

图 3-3 温度对电化学漂白结果的影响

（其他工艺条件：时间 120min，电压 3.5V，pH8.0，NaCl 3.5%）

5. NaCl 浓度对电化学漂白效果的影响

NaCl 在电解液中的浓度会影响电解液中 Cl⁻ 的含量，从而影响其在阳极上被氧化的速度。 浓度越高，其与电极板的接触概率就越大，被氧化的速度就越快。 图 3-4 为不同 NaCl 浓度对漂白结果的影响。 可以看出，增加 NaCl 浓度，在相同漂白时间时，能够提高最终漂白浆的白度，提高幅度随着漂白时间的延长逐渐增大。 当漂白时间为 120min 时，NaCl 浓度为 5.0% 的电解液漂白浆白度较 NaCl 浓度为 2.0% 浓度的漂白浆白度高出 3.5% ISO。 浆的黏度随着 NaCl 浓度的增加而逐渐下降。 此外，过度增加 NaCl 浓度会导致电流升高，从而增加电化学漂白的能量消耗。 考虑浆的白度、黏度以及能量消耗，较为适合的 NaCl 浓度为 3.5%。

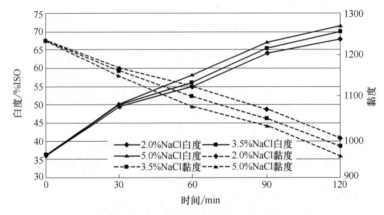

图 3-4   NaCl 对电化学漂白结果的影响

（其他工艺条件：时间 120min，电压 3.5V，pH8.0，温度 40℃）

6. 电压对电化学漂白效果的影响

电压的高低决定着阳极板的"氧化电势"的高低。 只有当电压高于一定值，即阳极板的电极电位高于氯气析出电位时，阳极上才有反应发生。 进一步增加电压，电极间的交换电流增大，电极反应速度加快，有利于漂白的进行。 但过大的电流，会使得阳极上产生的氯气来不及溶于溶液中而大量溢出，对漂白不利，同时会增加电量的消耗。 不同电压对漂白效果的影响见表 3-2。

表 3-2   电压对电化学漂白效果的影响

电压/V	0	1.5	2.0	2.5	3.0	3.5	4.0	5.0
电流/mA	0	15	24	30	36	46	66	88
白度/% ISO	38.2	40.0	55.0	61.0	65.8	70.3	70.5	71.5
黏度/(cm³/g)	1227	1220	1008	996	983	984	974	963

注：其他工艺条件：温度 40℃，时间 120min，pH8.0，NaCl 3.5%。

由表3-2可看出，当申压为1.5V时，漂白浆的白度基本没有提高，黏度也没有明显变化。这是由于电压较低，阳极板的电极电位低于析氯电位，从而没有氯气生成的原因。当电压超过2.0V时，浆的白度逐渐增加，而当电压超过3.5V时，白度的增加幅度有所减小，白度的提高变得缓慢。浆的黏度随着电压的逐渐提高，呈现下降趋势。因此，电压为3.5V较为适宜，且在该电压下，电流较小，使得电化学漂白的电耗很低，具有较好的经济效益。

7. 浆浓对电化学漂白效果的影响

不同浆浓下电化学漂白结果如图3-5所示，随着浆浓的逐渐增大，浆的白度逐渐下降，黏度变化不大。当浓度小于3.0%时，白度下降较少，当浆浓增加至5.0%时，最终浆的白度有了较大程度的下降。因此，电化学漂白较为适宜的浓度为1%~2%。

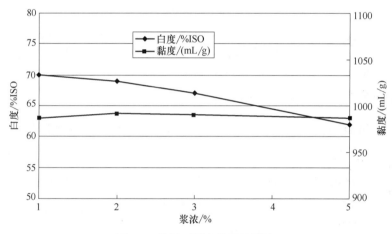

图3-5　浆浓对漂白效果的影响

（其他工艺条件：温度40℃，时间120min 电压3.5V，pH8.0. NaCl 3.5%）

研究发现，在电化学漂白中不使用电解质，仅依靠电极板的氧化作用不能达到脱除木素的目的，基本没有效果。电化学含氯单段漂白的较为适宜工艺条件为：初始pH8.0，温度40℃，电压3.5V，时间120min，NaCl浓度3.5%，浆浓1%~2%。在该工艺条件下，能将卡伯值为24.6的浆漂至70% ISO，黏度由1235mL/g 降至987mL/g。

三、单段电化学含氯漂白废液的循环使用

电化学漂白废液因其中的 NaCl 在漂白结束时仍旧具有残余，因而可以考虑进行后续浆料的循环回用。当废液在没有添加任何药品的情况下，进行循环使用时，其效果如图3-6所示。可以看出，随着循环次数的增加，浆的最终白度有所下降，但下降幅度很小。当循环至第5次时，最终白度仍可达到69% ISO，而浆的黏度随着循环次数的增加，有所上升。这充分说明，电化学漂白废液能够多次循环使用，从而有利于减少漂白用水量，降低

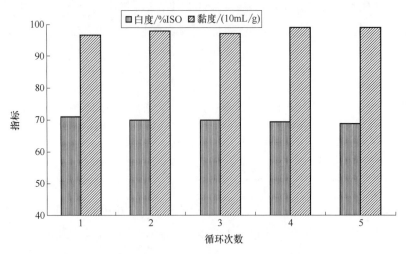

图 3-6　电解液循环使用对漂白效果的影响

[其他工艺条件：温度 40℃，时间 120min 电压 3.5V，pH8.0，NaCl 3.5%（0 次）]

漂白废水的污染。

四、单段电化学含氯漂白与传统次氯酸盐漂白的比较

电化学单段漂白与传统次氯酸盐单段漂白相比，两种漂白方法在达到相同白度时（60% ISO）其浆料性能如图 3-7 所示。可以看出，当最终漂白浆具有相同白度时，电化学漂白浆具有相对较高的黏度，其黏度高出 H 漂白浆 16.3%。同时，电化学漂白能够缩短纸浆的漂白时间，与 H 漂白相比可缩短 25%。这充分说明，电化学漂白具有较好的可行性和

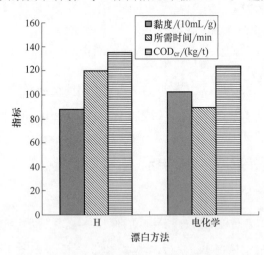

图 3-7　不同漂白方法的比较

（H 段漂白工艺：有效氯用量 6%，温度 40℃，浆浓 8%，时间 120min，终点 pH9.5；电化学漂白工艺：温度 40℃，时间 90min，电压 3.5V，初始 pH8.0，浆浓 3%）

实用性，同时其漂白废液可循环使用，由于电压和电流较低，从而其电量消耗也很低，具有较好的经济性。图 3-7 中两种漂白方法所得废液 COD_{cr} 值分析比较可看出，电化学漂白废液 COD_{cr} 含量较常规次氯酸盐漂白低。这可能是因为溶出的部分物质在阳极上发生降解的缘故。研究证明[7-9]，氯化木素使用电解法能够使其发生结构变化，部分苯环能够打开，其废液的色度和 COD_{cr} 均下降，处理 18h 时，其色度和 COD_{cr} 均下降 90% 左右。可见，采用电化学方法进行纸浆的含氯漂白能够减少其对环境的污染。

五、不同卡伯值杨木硫酸盐浆单段电化学含氯漂白

研究发现，采用电化学单段漂白能够有效地对纸浆进行漂白，但对于高硬度的纸浆则效果不理想。 如卡伯值为 24.6 的浆料，不易漂至较高白度，当白度达到 70% ISO 后即使延长时间，其白度的增加也较为缓慢。 不同卡伯值的杨木硫酸盐浆的电化学单段漂白效果如表 3-3 所示。

表 3-3　不同卡伯值杨木 KP 浆电化学单段漂白结果

卡伯值	13.4	17.6	24.6
原浆白度/% ISO	32.6	34.5	36.3
原浆黏度/(mL/g)	1024	1105	1235
漂后白度/% ISO	79.3	74.6	70.0
漂后黏度/(mL/g)	715	776	987

注：电化学漂白工艺条件：初始 pH 8.0，温度 40℃，电压 3.5V，时间 120min，NaCl 浓度 3.5%，浆浓 1%。

由表 3-3 可知，随着未漂浆卡伯值的逐渐降低，在相同漂白条件下，最终所得漂白浆白度逐渐升高。 当初始卡伯值为 13.4 时，最终能漂至 80% 左右 ISO 的白度，而浆的黏度仍保持在 700mL/g 以上。

第二节　杨木 KP 浆两段电化学含氯漂白

针对在 pH 为 3~8 的氯水体系中 HClO 对纤维素降解严重的问题，将电化学漂白分成两段来进行，从而提高最终漂白浆的黏度[10]。 第一段电解在 pH 小于 2 的情况下进行，第二段在 pH 大于 8.0 的情况下进行。 在两段之间对纸浆进行碱处理以除去在第一段漂白中形成的氯化木素，从而形成基于电化学的 CEH 三段漂白。

一、第一段电化学漂白时间对最终漂白效果的影响

在第一段初始 pH 为 1.0 的情况下，第一段处理时间对最终漂白效果的影响结果如图 3-8 所示。 第一段电化学漂白的 NaCl 浓度 1.5%，浆浓 1%，室温，电流密度 0.1A/cm²。 为防止过多氯气的溢出，在第一段电化学漂白中采用间断供电的方法，供电 5min，然后中断 5min。 由图 3-8 中可

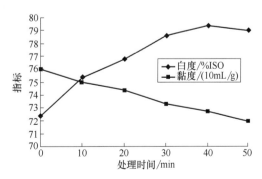

图 3-8　第一段处理时间对最终电化学漂白效果的影响

看出，随着一段处理时间的逐渐延长，最终浆的白度逐渐增加，当处理时间达到 40min 时，最终浆的白度达到最高，为 79.4% ISO。 继续延长第一段时间对浆的白度的提高作用不明显。 从最终漂白浆的黏度来看，不同处理时间对黏度的影响不大，表现为略有降低。 因此，第一段处理时间以 30~40min 较为适宜。

二、第二段电化学处理时间对最终电化学漂白效果的影响

第二段电化学漂白初始 pH 为 10.0，NaCl 浓度 1.5%，浆浓 1.0%，40℃，电流密度 0.06A/cm²，采用间断 10min 供电方式，第二段电化学处理时间对最终漂白效果的影响结果

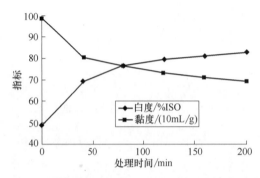

图 3-9　第二段处理时间对最终漂白效果的影响

如图 3-9 所示。 由图 3-9 可看出，随着第二段电化学漂白时间的逐渐增加，最终浆的白度逐渐增加，当处理时间超过 120min 后，白度增加平稳但其增加幅度有所减少。 浆的黏度随着时间的延长逐渐降低，在处理的前期，黏度的降低幅度较大，时间超过 120min 后，其降低幅度有所减小，黏度较为平稳。 第二段电化学漂白进行 200min 时，最终浆的白度能够达到 82.7%

ISO，而黏度仍能维持在 700cm³/g。 当处理时间为 120min 时白度为 79.6% ISO，接近 80% ISO。 第二段处理时间通常选为 120~160min 为宜。

三、两段电化学含氯漂白与传统 CEH 三段漂白比较

两段电化学漂白与传统 CEH 三段漂白效果的比较如图 3-10 所示。 CEH 三段漂工艺条件：C 段：浆浓 3%，有效氯 4%，室温，60min；E 段：浆浓 10%，NaOH 2%，60℃，

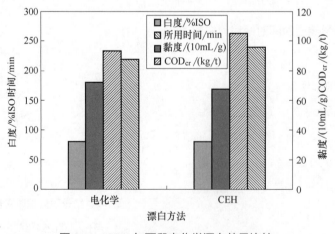

图 3-10　CEH 与两段电化学漂白效果比较

25

60min；H 段：浆浓 10%，有效氯 2%，40℃，120min。 两段电化学漂白工艺：第一段时间 40min，NaCl 浓度 1.5%，浆浓 1%，室温，电流密度 $0.1A/cm^2$。 第二段初始 pH 10.0，NaCl 浓度 1.5%，浆浓 1%，40℃，电流密度 $0.06A/cm^2$，时间 140min。

图 3-10 表明，当最终所得漂白浆具有相同白度时，电化学漂白能够缩短总的漂白时间 20min，且最终浆的黏度较 CEH 三段漂高出 7.3%。 此外，从两种漂白废液的 COD_{cr} 值分析可看出，电化学漂白具有较低的 COD_{cr}，这说明该方法对环境的污染小于 CEH 漂白，同时电化学漂白废液可进行重复使用，能进一步减少用水量和废水排放量。 因此，该漂白方法具有一定的优越性和实用性。

参 考 文 献

［1］ 詹怀宇，付时雨，吴姣平.酶催化介体在纸浆 LMS 生物漂白中的作用［J］.中国造纸学报，2002，（1）：110-115.

［2］ Amann M. The Lignozym process coming closer to the mill［J］.Proceeding of the 9th ISWPC, Montreal, May F4-1-F4-5, 1997.

［3］ 王伟，陈嘉翔，高培基.桉木、蔗渣 KP 浆生物漂白的研究［J］.中国造纸学报，1995，（S1）.

［4］ Call H, Mucke I. State of the art of enzyme bleaching and disclosure of a breakthrough process［C］. Proc. Non-chlorine bleaching conference, Amelia Isl., FL, 1994.

［5］ 潘梦丽，王春，平清伟.纸浆绿色漂白技术新进展［J］.中国造纸，2015，v.34；No.281（11）：61-67.

［6］ 马志君，欧义芳，黄秋莲.电化学漂白的研究进展［J］.纤维素科学与技术，2003，（1）.

［7］ 蒲云桥.湿地松深度脱木素蒸煮和 ECF 漂白及其机理的研究［D］.广州：华南理工大学，2000.

［8］ 黄干强.ECF 还是 TCF——湛江木浆厂漂白工艺方案的思考［J］.造纸科学与技术，1998，（1）：18-20.

［9］ 陈嘉翔.现代制浆漂白技术与原理［M］.广州：华南理工大学出版社，2000.1.

［10］ 孔凡功，詹怀宇，王鹏生.三倍体毛白杨硫酸盐浆两段电化学漂白的研究［J］.造纸科学与技术，2006，（4）：17-20.

第四章　电化学过氧化氢漂白

电化学过氧化氢漂白主要是利用电化学的方法在阴极上发生氧阴极还原反应制取过氧化氢，然后再利用反应产生的过氧化氢进行纸浆漂白的过程，是电化学制备过氧化氢过程与纸浆漂白过程合二为一的过程。 本章主要讲述电化学过氧化氢漂白的基本原理、电化学过氧化氢阴极材料的制备及其用于化学浆的电化学纸浆漂白。

第一节　电化学过氧化氢漂白阴极材料的选择

一、电化学过氧化氢漂白原理

减少过氧化氢的生产成本以及提高其反应效率是降低 ECF 和 TCF 纸浆生产成本的关键。 目前，工业上生产过氧化氢的方法主要为蒽醌法，该法以烷基蒽醌作为载体，经甲基偶氮苯等催化剂催化加氢变为蒽氢醌，加空气氧化，用去离子水萃取 H_2O_2，再经纯化、浓缩变成产品。 其生产过程复杂，所需费用高，所产 H_2O_2 需与碱混合使用，生成具有漂白作用的 HOO^-。 其实，在电化学条件下，可通过氧阴极还原反应来制得 HOO^-[1]。 反应如下所示：

阳极反应：$\qquad\qquad 4OH^- \longrightarrow 2H_2O + O_2 + 4e$

阴极反应：$\qquad\qquad 2H_2O + O_2 + 4e \longrightarrow 2HO_2^- + 2OH^-$

总反应：$\qquad\qquad 2OH^- + O_2 \longrightarrow 2HO_2^-$

利用氧气阴极还原反应来制得的过氧化氢不用进行提纯，并且在生产过程中不使用有机溶剂和催化剂，不存在溶剂的回收问题。 电化学产生的 H_2O_2 浓度可达到 $4.0\% \sim 4.5\%$，与纸浆漂白时的过氧化氢浓度基本相同，使用时不用进行稀释，可直接用于纸浆漂白。 据分析认为，采用氧阴极还原反应制取过氧化氢比传统蒽醌法生产 H_2O_2 成本要低 15%左右[2, 3]。 但近年来，随着蒽醌法 H_2O_2 生产线的规模化生产以及工艺优化，电化学制取的 H_2O_2 的成本与现代蒽醌法制备的 H_2O_2 的成本已基本相当，甚至略高于市售价格，限制其在纸浆漂白中的应用。

二、电化学过氧化氢漂白用阴极材料

电极在电化学反应中不仅起着传递电子的作用，同时也是电化学反应的场所（不溶性

电极）。 电极材料的化学性质以及表面状况在很大程度上影响着电化学反应，如电化学反应的速度、反应机理及反应方向等。 在电化学反应中，电极表面区域随着电荷移动而伴生非均相催化反应，该反应类似于化学催化作用，这在电化学中统称为电催化。 在电催化反应中，电极作为电催化剂，不同的电极材料可以使电化学反应速度发生数量级上的变化，所以选择适当电极材料是提高电化学催化反应效率的有效途径。

目前采用电化学漂白脱木素的方法除了阳极直接氧化脱木素之外，还有通过氧阴极还原的方法来制取过氧化氢，继而去除木质素，达到提高纸浆白度的目的。 过氧化氢虽然能够提高白度稳定性，但是具有不便于储存和运输的缺点，再加上工业上合成过氧化氢成本过高，极大地制约了过氧化氢的利用。 而电化学合成过氧化氢可以避免上述问题的发生，可以实现现场制备、现场应用，并且极大地提高了效率。 而阴极材料是高效产生过氧化氢的关键，选择较为合适的阴极材料不仅可以提高效率而且还可以节约成本。

氧阴极还原反应是一个在微观的气相、液相和固相三相界面的反应，电极的结构、氧气的传质，电流效率等都会影响反应效率。 目前研究的氧阴极还原材料有常规板式电极、多孔电极、悬浮颗粒电极、碳纳米管等。 常规板式电极制作起来相对容易，电流分布比较均匀，但是电流效率不高，产量低。 悬浮颗粒电极是指成悬浮颗粒状的电极。 电化学反应在颗粒表面进行。 在搅拌条件下，溶液中的颗粒处于运动状态，这样加强了传质过程，更有利于反应的发生和进行。 不仅如此，阳极产生的氧气也可以有效利用，但是此种电极的制作成本还需进一步降低。 多孔电极本身具有空隙结构，有利于气体的吸附，但是制备工艺的不同会导致不同的电极结构，可能造成气液流分布不均匀。 网状玻璃碳电极一般以孔隙率高、内表面积大的优点受到研究学者们的青睐。 Alvarez-Gallegos 等以网状玻璃碳为阴极电化学降解有机污染物，将废水的 COD 大大降低，从（50～500）×10^6 降至 10^5mg/L以下，说明该电极在废水处理方面有很广阔的前景。 碳纳米管是纳米级同轴碳管组成的碳分子，其微结构具有可变性和可控性，在电化学领域，如制备双氧水、金属防腐蚀等方面有广泛的应用。 褚有群等人用聚四氟乙烯为黏结剂制备纳米碳管，与石墨电极相比，具有更大的比表面积和更高的孔隙率。 郑俊生等人以 Pt 为催化剂，以碳纳米管为阴极进行氧阴极还原电催化反应，研究发现，与活性炭的电催化剂相比，载于纳米碳纤维的电催化剂具有较高的氧阴极还原活性。 董俊萍等人对所制备的氮掺杂碳纳米管（NCFS）进行了氧阴极电化学行为研究，通过扫描电镜、XRD 等测试手段发现，碳纳米管（NCFS）孔隙率高、比表面积大、具有较高的电催化活性，氧阴极还原能力强，可以替代 Pt/C 催化剂，作为一种无金属催化剂在燃料电池等多个领域有广泛的应用前景。 Britto 等人采用自制的碳纳米管，对氧阴极电化学行为进行了研究，通过一系列电化学测试手段得出：与其他碳电极相比，在酸性溶液中，碳纳米管对溶解氧具有较高的电催化活性。

第二节　基于石墨/聚四氟乙烯扩散电极的电化学过氧化氢漂白

一、石墨/聚四氟乙烯扩散电极的制备

多孔电极因其诸多的优点而被广泛应用于电池、生物质传感以及废水处理等诸多领域。多孔电极具有较大的表面积，有利于电化学反应的进行。在充电和放电过程中，多孔电极中的活性物质有较多的空间能够进行收缩与膨胀。此外，活性电极因其自身的结构特点，允许在电极内添加活性物质，使其结构更加稳定。三相多孔电极是多孔电极的一种，反应在气、液、固三相界面进行。

气体扩散电极是一种涉及固、液、气三相的多孔膜电极[4-8]。反应气体可以通过电极上的气孔传到电极上，可以和电极相接触的电解质溶液连通。在掺杂催化剂的电极中，催化剂粉粒可以分散在电极的多孔膜中，因为该电极具有大量覆盖在催化剂表面的薄液层，催化剂颗粒通过薄液层的液孔与电极外面的电解质溶液相连通，这样有利于液相反应物和产物的迁移。气体向电极表面的输送又包括气体溶解、传质、穿越双电层三个阶段。李芬等人采用自制的气体扩散电极为正极，以锌电极为负极组装锌空气电池，采用比表面积测试、扫描电极等多种测试手段，探究聚四氟乙烯在经乙醇处理前后对气体扩散电极的影响。研究表明，经乙醇处理后，不仅扩散层和催化剂层的比表面积大大增加，而且极化后电位降低。马永林[9]等人采用热分解的方法制备了铂-碳气体扩散电极，并对不同催化剂的电极活性进行对比，研究发现，铂电催化剂的气体扩散电极的性能要优于其他电极。

石墨/聚四氟乙烯扩散电极的制备采用如下的方法：称取 20g 的石墨粉，加入 800mL 的水，煮沸并保持沸腾 1h。冷却后，用蒸馏水洗涤。截取规格为 8cm×8cm×0.1mm 的不锈钢网置于烧杯中，向烧杯中加入 15mL 0.05mol/L 的氢氧化钠溶液和 15mL 0.05mol/L 的磷酸溶液，加热至 90℃并保持 20min 待用。称取前面经蒸馏水洗涤的 5g 石墨粉末于烧杯中，加入 10mL 丙酮溶液，将烧杯置于超声波中振荡 10min，使得石墨与丙酮混合均匀。加入 1.7mL 的聚四氟乙烯溶液，继续振荡 20min。将振荡后的烧杯置于 80℃水浴中，使丙酮不断挥发出来，从而形成一种糊状物，将该糊状物均匀地按压在事先处理好的不锈钢网上形成气体扩散层，将覆盖了气体扩散层的不锈钢网放在马弗炉中，在一定温度下煅烧形成一定结构，从而制成气体扩散电极。

二、石墨/聚四氟乙烯扩散电极的电化学产过氧化氢性能

1. 石墨与聚四氟乙烯不同质量比电极的性能及产 H_2O_2 效果

制作石墨与聚四氟乙烯不同质量比（1:1，2:1，3:1，4:1）的电极，进行电化学测

试。 不同质量比的电极循环伏安曲线如图 4-1 所示。 从图中可以看出，在测试的电势范围内均出现了还原峰，说明石墨与聚四氟乙烯气体扩散电极可以产生过氧化氢。 不同质量比的气体扩散电极的还原峰值不同，说明不同的电极产生过氧化氢的产量、效率不同，进而能够得出石墨与聚四氟乙烯最佳质量比，最佳质量比下制备的电极效率较高，单位时间内过氧化氢的产量较多。 Qiang 等人同样对自制的气体扩散电极进行了电

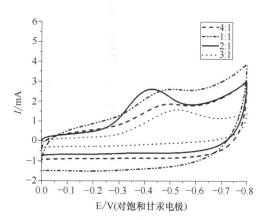

图 4-1 不同质量比的循环伏安曲线

化学测试，发现还原电势为 $-0.5V$ 时，产生过氧化氢。 图 4-1 表明石墨与聚四氟乙烯质量比为 $2:1$ 时，还原峰值最高，电极效能最好，在此状态下，电极既可以保证较好的导电能力以及石墨粉末间较好的黏结，又可以增大气、液、固三相界面，加强气体扩散，从而促进氧阴极反应的发生。

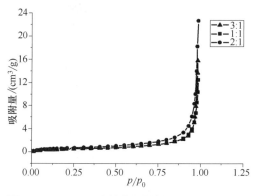

图 4-2 不同质量比的电极材料对氮气的吸附量

比表面积及孔径吸附仪对不同质量比的电极样品进行的氮气吸附测试结果如图 4-2 所示。 气体扩散电极经过高温煅烧后，聚四氟乙烯熔融，在电极上会形成多孔结构，若电极材料中石墨粉末含量过多，即聚四氟乙烯含量过低，导致微孔较少；若聚四氟乙烯含量过高，电极的导电性又降低。 氮气吸附测试可以让我们了解到不同质量比下电极的孔径情况的不同，孔径越多，氧阴极还原反应中，越有利于

氧气的吸附和扩散，氧气与电解质溶液接触的机会较多，得到电子，与水反应的可能性提高，如反应式（4-2）所示，从而氧阴极还原反应发生的概率较大。 图 4-2 表明质量比 $2:1$ 的电极材料吸附量较高，其次为质量比为 $3:1$ 的电极材料，质量比为 $1:1$ 的电极材料吸附性最差。 说明质量比 $2:1$ 的电极材料孔径较多，有助于氧阴极还原反应的发生，过氧化氢的产量较高。

$$O_2 + H_2O + 2e = HOO^- + OH^- \tag{4-1}$$

$$HOO^- + H_2O = OH^- + H_2O_2 \tag{4-2}$$

表 4-1 不同质量比的石墨与聚四氟乙烯电极孔径

石墨与聚四氟乙烯的质量比	1∶1	2∶1	3∶1	4∶1
孔径比表面积/(m^2/g)	4.78	6.51	5.10	3.72
孔径/nm	147.8	149.62	135.39	126.73
最大吸附量/(cm^3/g)	15.79	22.78	17.39	10.63

表 4-1 列出了不同质量比的电极的孔径参数，质量比为 2∶1 和 4∶1 的电极材料的最大吸附量分别为 22.78cm^3/g 和 10.63cm^3/g，孔径分别为 149.62nm 和 147.8nm。 改变石墨与聚四氟乙烯的质量比可以改变孔径参数，继而影响对氮气的吸附量。 2∶1 的电极材料在最大吸附量、孔径以及表面积方面较其他比例的电极材料好，比较适合选作氧阴极还原反应的阴极材料。

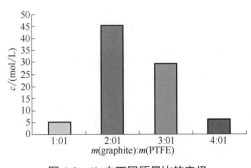

图 4-3 1h 内不同质量比的电极
的过氧化氢的产生量

将石墨与聚四氟乙烯质量比为 2∶1 的气体扩散电极用于电化学过氧化氢制备中，测得 1h 内过氧化氢产量，并比较。 如图 4-3，与之前的分析一致，质量比为 2∶1 的电极，因其较高的电极性能，单位时间内过氧化氢的产量最多，为 45.42mg/L。

2. 不同煅烧温度对过氧化氢产生量的影响

气体扩散电极经过高温煅烧，聚四氟乙烯熔融从而增加了电极的孔径。 比表面积及孔径分析仪对不同煅烧温度下制备的石墨与聚四氟乙烯电极进行氮气吸附测试，发现煅烧温度不同，电极材料的氮气吸附量也会有差别，如图 4-4 所示。

图 4-4 和表 4-2 表明，无论煅烧温度过高还是煅烧温度过低，氮气吸附量均比较低。 100℃时，最大吸附量为 19.36cm^3/g，孔径比表面积为 3.19m^2/g，孔径为 158.30nm。 400℃，最大吸附量为 18.50cm^3/g，孔径比表面积为 4.05m^2/g，孔径为 140.21nm。 而煅烧温度为 300℃，电极材料的最大吸附量为 52.58cm^3/g，孔径比表面积为 7.83m^2/g，孔径为 153.16nm，各方面参数较其他电极好。 这是因为煅烧温度过低，聚四氟乙烯没有充分熔融，气体扩散层烧结不好，

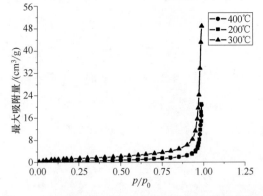

图 4-4 不同煅烧温度下电极材料的氮气吸附曲线

形成的孔径比表面积、孔径等参数值较低；煅烧温度过高，当超过聚四氟乙烯的熔融温度时，石墨间的黏结力大大下降，也不利于气体扩散层的形成。研究发现，在300℃下煅烧进行电极制备，较利于提高电极的电极性能。

表4-2　不同煅烧温度的电极材料的孔径

不同煅烧温度/℃	100	200	300	400
孔径比表面积/(m²/g)	3.19	5.24	7.83	4.05
孔径/nm	158.30	168.95	153.16	140.21
最大吸附量/(cm³/g)	19.36	20.79	52.58	18.50

不同煅烧温度下电极材料的扫面电镜观察图（图4-5）表明，电极的孔隙主要由石墨颗粒的杂乱堆积而成。从图中可以明显看到100℃和200℃下煅烧的电极材料表面较为平整而且致密，微孔结构较少，而300℃下煅烧的电极材料表面微孔结构较多，孔径较大或孔隙较大，比较有利于气体扩散，电极表面微观结构的状态较有利于氧阴极还原反应。而高温400℃下煅烧的电极表面碎片比较多，这是由于温度超过聚四氟乙烯的熔融温度，导致电极成分间黏结力大大下降的缘故，这样难以形成气体扩散层。

图4-5　不同煅烧温度下电极表面的 ESEM 图

（a）100℃　（b）200℃　（c）300℃　（d）400℃

将煅烧温度为 100℃、200℃、300℃、400℃的电极分别用于氧阴极还原反应的装置中进行电化学过氧化氢催化反应。 不同电极的过氧化氢产量如图 4-6 所示。 可以看出，在 300℃下煅烧的电极 1h 内产量为 47.46mg/L。 明显比其他煅烧温度下的电极产生的要多。 100℃和 400℃下的电极产量最少，1h 内不足 10mg/L。 研究表明[10]，最佳煅烧温度下，电极变得多孔更有利于氧气的扩散，从而使氧阴极还原反应平衡向正反应方向移动，继

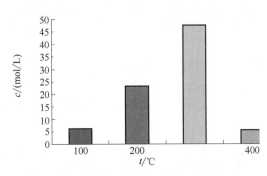

图 4-6　不同煅烧温度下电极的过氧化氢产生量

而增加氢过氧阴离子的浓度。 反之，若电极本身不利于氧气的扩散甚至阻碍氧气的扩散，氧阴极还原反应则会因为氧气浓度的降低而逆向移动，或者氧气没有及时参加反应导致无法形成氢过氧阴离子。

3. 电流密度和时间对过氧化氢产量的影响

以石墨与聚四氟乙烯质量比为 2∶1 的气体催化电极为阴极，以同样规格的不锈钢网为阳极，以硫酸钠溶液为电解质溶液，进行氧化还原反应，阳极上氢氧根发生电离反应式（4-4），而在阴极上存在着竞争反应式（4-1）与式（4-3）：

$$2H^+ + 2e \Longrightarrow H_2 \tag{4-3}$$

$$4OH^- \Longrightarrow 2H_2O + O_2 + 2e \tag{4-4}$$

离子能不能在阴极上发生还原以及哪一个离子优先还原取决于该离子的还原电势，若还原电势越大，则该离子较容易还原，即该离子越容易得到电子。 电流密度和时间对过氧化氢产量的影响如图 4-7 所示。 实验中发现当电流密度小于 0.7mA/cm² 时，几乎观察不到过氧化氢的产生。 在一定范围内，电流密度不超过 2.34mA/cm² 时，随着电流密度的增加，过氧化氢的产量会不断增加，240min 内接近 160mg/L。 当电流密度超过 2.34mA/cm² 时，过氧化氢的产量反而减少。 开始时产量低是由于电流小，没有较多电子供给给氧还原反应，随着电流的增大，电子传输速率增大，氧还原反应速率也相应提高，因而过氧化氢的产量提升，当电流密度超过一定

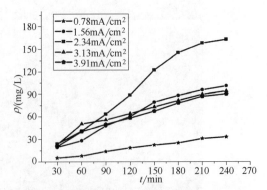

图 4-7　电流密度和时间对过氧化氢产量的影响
（质量比 2∶1，煅烧温度 300℃，pH 13.0）

值时，副反应（4-3）氢离子发生电离，与氧还原反应发生竞争反应，故而影响了过氧化氢的产量。简而言之，研究发现在电流密度小于 2.34mA/cm² 时阴极反应主要为氧还原反应，在电流密度超过 2.34mA/cm² 时，氧还原式（4-1）与氢还原式（4-3）共同发生。故而电流密度应尽量控制在 2.34mA/cm²，既能保证过氧化氢的高产量，也能有效避免副反应的发生。

从图 4-7 还可以看出电解时间也是过氧化氢的一个重要影响因素。随着电解时间的延长，过氧化氢的产量增加。在电解 150min 时，产量最大约为 120mg/L。电解 240min，电流密度为 2.34mA/cm² 时，产量高达 180mg/L，比郁青红等人 120min 时产生 60mg/L 要高，说明石墨聚四氟乙烯气体扩散电极在合适的操作条件下可以高效生产过氧化氢。

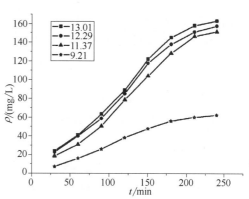

图 4-8　电解质溶液初始 pH 对过氧化氢产量的影响（质量比 2∶1，煅烧温度 300℃，电流密度 2.34mA/cm²，Na₂SO₄ 浓度 0.05mol/L）

4. 电解液初始 pH 对过氧化氢产量的影响

图 4-8 给出了电解质溶液初始 pH 对过氧化氢产量的影响，研究发现 pH 从 11.4 增加到 13.0 对氧还原反应影响不是特别明显，过氧化氢的产量有所增加，但幅度不大，这说明在强碱性条件下，初始 pH 对过氧化氢的产生没有太大影响。但是若将 pH 从 11.4 降低到 9.2，240min 内产量由 150mg/L 降低到 75mg/L。综合考虑，控制硫酸钠溶液的初始 pH 在 11 左右，可以保证过氧化氢的高产量。

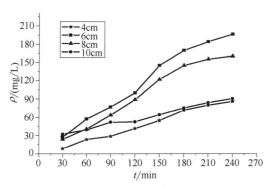

图 4-9　板间距对过氧化氢产量的影响（质量比 2∶1，煅烧温度 300℃，pH 11.01，电流密度 2.34mA/cm²，Na₂SO₄ 浓度 0.05mol/L）

5. 板间距对过氧化氢产量的影响

板间距会影响电极板表面的电极电位，从而影响反应的发生速度，如图 4-9 所示。当板间距超过 6cm 时，增加板间距，会降低过氧化氢的产量。板间距为 6cm 时，240min 内会产生 197mg/L 的过氧化氢。阴阳极间距太小，阴极上产生的 HOO⁻ 会很快到达阳极板不锈钢网上，导致 HOO⁻ 的分解；反之，若阴极板与阳极板距离太大，电子传输难度加大，进而影响氧阴极还原反应的反应速度。板间距控制在 6cm 左右较为适宜，既可以有效避免 HOO⁻ 的分解，又可以在一定程度上保证电子传输速率，最终保证过氧化氢的高产量。

三、石墨/聚四氟乙烯扩散电极的电化学过氧化氢漂白

将石墨/聚四氟乙烯气体扩散电极-过氧化氢体系用于化学浆漂白，影响纸浆漂白的工艺条件包括电流密度、电解质初始 pH、板间距以及漂白时间等。电解产生过氧化氢很好地解决了过氧化氢产生漂白废水的污染问题，电解过氧化氢漂浆巧妙地将氢过氧根离子的产生与利用有机结合起来，解决了过氧化氢因放置时间太久失效的问题，符合环保经济理念，能够提高资源利用率。

1. 电流密度对纸浆漂白的影响

图 4-10 和表 4-3 为电流密度对纸浆电化学过氧化氢漂白的影响，当电流密度增加至 2.34mA/cm² 时，杨木硫酸盐浆的卡伯值从最初的 13.34 降到 3.12，木素脱除率达 76.61%，而黏度只损失了 10.05%，这是因为在氧充足的情况下，电流密度小于 2.34mA/cm² 时，阴极上发生氧阴极还原反应式（4-1），随着电流的增加，大量的电子促使反应式（4-1）平衡向正反应方向移动，加速了氢过氧根离子产生，更多的氢过氧阴离子与木素侧链上纸浆发色基团反应，降低了卡伯值，提升了纸浆白度。但是继续增加电流密度，当超过 2.34mA/cm² 时，纸浆卡伯值与黏度均有不同程度的上升，这与电流增加导致氢过氧根离子的减少是分不开的。电流持续增加，当阴极电极电势超过氢还原电势，氢离子便发生还原反应生成氢气，从而成为氧阴极还原反应的竞争反应。一部分电子被副反应所消耗，能用于氧还原反应的电子相对减少，生成的氢过氧根离子随之减少，故纸浆漂白效率大大降低。研究表明，当电流密度为 4.69mA/cm² 时，木素脱除率仅达到了 45.12%，白度不是很高。一般情况下，电流密度控制在 2.34mA/cm² 时，卡伯值、黏度损失和白度分别为 3.12，600.78cm³/g 和 69.5%，能达到较好的纸浆漂白效果。

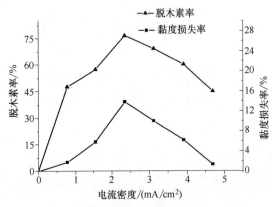

图 4-10　不同电流密度下木素脱除率与黏度损失率

（时间 240min，初始 pH 13，板间距 6cm，

Na_2SO_4 浓度 0.05mol/L）

表 4-3　电流密度对纸浆漂白的影响

电流密度 /(mA/cm²)	卡伯值	黏度 /(cm³/g)	白度/% ISO	电流密度 /(mA/cm²)	卡伯值	黏度 /(cm³/g)	白度/% ISO
0	13.34	697.2	43.6	3.12	4.10	627.1	68.0
0.78	6.97	684.7	62.9	3.91	5.29	653.8	60.1
1.56	5.68	656.6	67.7	4.69	7.32	689.6	56.2
2.34	3.12	600.7	69.5				

2. 初始 pH 对纸浆电化学过氧化氢漂白的影响

在漂白过程中合理控制电解质溶液的 pH 是非常必要的。为了保证漂白液中含有一定量的 HOO⁻，必须有充足的氢氧根离子让漂白离子发挥作用。但是初始溶液中碱性过高或者过低都不利于过氧化氢漂浆过程的进行。况且过氧化氢溶液本身是一个很复杂的溶液，它的成分随着 pH 的变化而变化。若 pH 太高，过氧化氢会无效分解。过氧化氢分解分为两种，一种是有效分解 [反应式（4-5）~式 4-7）]，另一种是无效分解 [反应式（4-8）]。有效分解是指电离产生的离子是人们所需要的，能够发生某种反应以达到人们目的的电离过程。如反应式（4-5）所示，过氧化氢能电离生成活性漂白离子 HOO⁻。HOO⁻ 是一种亲核试剂，能够引发过氧化氢分解产生游离基，而这种游离基又会与木素上的共轭羰基反应，破坏发色基团以此来达到漂白的目的。无效分解是过氧化氢分解产生水和氧气，其对纸浆漂白没有贡献。故应适当控制电解质溶液的 pH，让过氧化氢分解出对漂白有贡献的活性组分，完成有效分解，提高过氧化氢的有效利用率。

$$H_2O_2 \longrightarrow H^+ + HOO^- \tag{4-5}$$

$$H_2O_2 + HOO^- \longrightarrow HOO\cdot + OH\cdot + OH^- \tag{4-6}$$

$$H_2O_2 \longrightarrow 2OH\cdot \tag{4-7}$$

$$2H_2O_2 \longrightarrow 2H_2O + O_2\uparrow \tag{4-8}$$

从图 4-11 与表 4-4 中可以看出纸浆的漂白效果受电解质溶液初始 pH 的影响很大。初始 pH 在 8~11，随着碱性的增强，卡伯值与纸浆黏度均有不同程度的降低。在 pH 为 11.0 时，纸浆卡伯值降为 2.23，木素脱出率达到了 83.28%。在此碱性条件下，过氧化氢主要分解为对漂白有作用的 HOO⁻。随着 pH 的提高，碱性的增强，过氧化氢的分解速率

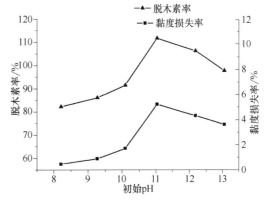

图 4-11　电解质溶液初始 pH 对纸浆漂白的影响

（时间 240min，电流密度 2.34mA/cm²，
板间距 6cm，Na₂SO₄ 浓度 0.05mol/L）

急剧加快，而且逐步转变为无效分解。 过氧化氢在高碱性条件下产生的组分 HO· 亦对纤维有损伤。 研究表明，在 pH 为 13.0 时，木素脱除率由 83.28% 降为 70.21%，黏度损失率从 10.47% 降至 7.89%，白度为 56.2% ISO。 一般认为，初始电解质溶液 pH 控制在 11 左右，纸浆木素脱除率较高，白度较好，同时纤维黏度的损失较少。

表4-4　初始 pH 对纸浆漂白的影响

初始 pH	卡伯值	黏度 /（cm³/g）	白度/% ISO	初始 pH	卡伯值	黏度 /（cm³/g）	白度/% ISO
8.20	5.67	662.3	62.4	11.0	2.23	624.7	71.2
9.30	5.36	657.2	63.1	12.2	2.89	631.1	69.6
10.0	4.76	655.0	65.4	13.0	3.39	642.0	67.0

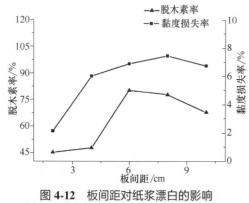

图 4-12　板间距对纸浆漂白的影响

（时间 240min，电流密度 2.34mA/cm²，初始

pH11.0，Na₂SO₄ 浓度 0.05mol/L）

3. 板间距对纸浆漂白的影响

由前面的分析可知，板间距影响着过氧化氢的含量，进而纸浆的木素脱除率和黏度损失率也跟着受影响。 如图 4-12 所示，当板间距从 2cm 提高到 6cm 时，随着过氧化氢产量的增加，卡伯值和纸浆黏度均下降。 在板间距为 6cm 时，卡伯值与纸浆黏度分别降至 2.65、649cm³/g，木素脱除率达到了 80.13%，而黏度损失率仅为 6.89%，具有很好的脱木素效果。 继续增加板间距至 8cm，卡伯值从 2.65 增加至

4.31，黏度达到了 643cm³/g，如表 4-5 所示。 板间距选择 6cm，既能保证较好的脱木素效果又不保证较少的黏度损失。

表4-5　板间距对纸浆漂白的影响

板间距 /cm	卡伯值	黏度 /（cm³/g）	白度/% ISO	板间距 /cm	卡伯值	黏度 /（cm³/g）	白度/% ISO
2	7.31	682.6	60.7	8	2.98	643.5	69.8
4	6.97	655.1	62.9	10	4.31	650.1	63.6
6	2.65	649.0	65.3				

4. 漂白时间对纸浆电化学过氧化氢漂白的影响

漂白时间是影响漂白效果的一个重要因素。 纸浆卡伯值的降低与白度的提高都需要延长反应时间来实现，在此过程中还要考虑黏度损失。 在漂白过程中，随着时间的延长，纸

浆卡伯值先迅速大幅度降低,而后缓慢减少,而硫酸盐浆碳水化合物会随着时间的延长而不断降解。合适的漂白时间既能有效降低卡伯值又能减少碳水化合物的降解。如图4-13和表4-6所示,时间从90min增加至240min,纸浆卡伯值从11.23降至2.04,黏度降为628.8cm³/g。当时间增加至360min时,卡伯值降低趋势较为平缓,从2.69降至2.04,黏度损失却较大,从638.8cm³/g降至587.8cm³/g。纸浆白度随着漂白时间的增加而增加得较为缓慢,当时间从210min增加至240min

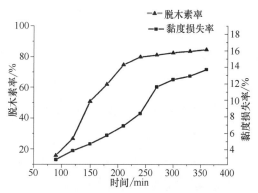

图4-13 漂白时间对纸浆脱除率与黏度损失率的影响

(电流密度2.34mA/cm²,初始pH11.0,板间距6cm,Na₂SO₄浓度0.05mol/L)

时,白度仅仅从64.6% ISO增加至65.2% ISO,随着漂白过程的进行,溶液中木素的浓度不断增加,降低了电化学反应速率。因此,240min的漂白时间较有利于氧阴极还原电化学漂白杨木硫酸盐浆过程的进行。

表4-6 漂白时间对纸浆漂白的影响

时间/min	卡伯值	黏度/(cm³/g)	白度/% ISO	时间/min	卡伯值	黏度/(cm³/g)	白度/% ISO
90	11.23	677.9	46.9	240	2.69	638.8	65.2
120	9.78	670.4	50.6	270	2.51	616.4	67.6
150	6.41	664.7	59.4	300	2.32	610.2	68.9
180	5.07	657.5	62.1	330	2.19	600.3	69.7
210	3.38	649.3	64.6	360	2.04	587.8	70.5

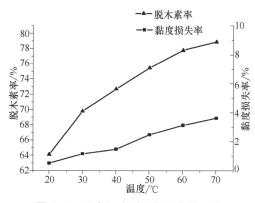

图4-14 漂白温度对纸浆漂白的影响

5. 漂白温度对纸浆电化学过氧化氢漂白的影响

图4-14与表4-7反映了纸浆卡伯值、黏度、白度与漂白温度之间的关系。很明显,提高漂白温度,卡伯值与黏度均降低。漂白温度从20℃上升至70℃时,卡伯值从4.79降低至2.50,黏度从693.7cm³/g降至671.9cm³/g。这表明,较高的反应温度可以提高氧阴极还原反应速率,可以加快氢过氧根离子与木素侧链有色基团的反应,

促进木素片段的溶出。 而黏度损失较小，黏度损失率仅为 3.14%。 除此之外，升高温度会提高纸浆白度，温度从 20℃升至 70℃，白度从 64.6%上升到 71.2%。 在此条件下，大量过氧化氢与木素结构单元反应，迅速破坏了醌型结构，消除更多的有色基团。 但是反应温度不宜过高，当超过过氧化氢的活化能时，过氧化氢在高温条件下会无效分解生成水和氧气，而温度提高越快，分解也随之加快。 因此，在电流密度，初始 pH，板间距以及漂白时间最佳条件下，适当地提高漂白温度更有利于漂白的进行。

表 4-7　漂白温度对纸浆漂白的影响

温度 ℃	卡伯值	黏度 /(cm³/g)	白度/% ISO	温度 ℃	卡伯值	黏度 /(cm³/g)	白度/% ISO
20	4.79	693.7	64.6	50	3.27	680.3	69.8
30	4.03	689.2	66.9	60	2.96	675.4	70.5
40	3.64	687.0	69.1	70	2.81	671.9	71.2

针对石墨与聚四氟乙烯的电化学过氧化氢漂白而言，当石墨与聚四氟乙烯的质量比控制在 2∶1 时，石墨-聚四氟乙烯电极既具备良好的导电性又可以保持较强的黏结性能，不仅利于气体的扩散，还可以具有很大的三相界面。 气体扩散电极在 300℃的煅烧结构比较适合氧阴极还原电极所需的多孔结构，有利于吸附更多的氧气，促使氧在阴极上的还原反应发生的可能。

石墨/聚四氟乙烯气体扩散电极用于氧阴极还原产过氧化氢的电化学体系中，电流密度为 2.34mA/cm²，初始 pH 在 11 左右，板间距为 6cm，漂白时间 240min，过氧化氢产量最高可达 197mg/L。 适当提高漂白温度有利于氧阴极还原反应的进行。

应用于杨木硫酸盐浆的漂白，电流密度为 2.34mA/cm²，初始 pH 在 11 左右，板间距为 6cm，纸浆脱木素效果最好，在 240min 时，纸浆卡伯值从 13.34 降到了 2.65，纸浆白度从 43.6% ISO 升高到 70.5% ISO，纸浆黏度损失率在 10%以内。

第三节　石墨/聚四氟乙烯电极电化学产过氧化氢的电化学动力学

电极反应是电化学过程研究的主要内容，而这种非均相电化学反应是非均相反应的一种。 电化学历程包括金属电极/电解质界面的迁越步骤和扩散步骤，其中迁越步骤是均相化学反应里面所没有的，也是非均相电化学反应区别于均相化学反应的标志。

探索影响化学反应速率的各种因素，并建立相应的数学模型方程式，有助于人们掌握化学反应规律，优化工业过程。 为了全面深入地了解在石墨/聚四氟乙烯电化学过氧化氢体系中氧阴极还原反应过程的速率和反应机理，本节简单介绍过氧化氢在液相中产生的电化学动力学。

一、氧阴极还原的电化学行为

气体扩散电极作为电化学反应体系的阴极，不锈钢网作为阳极，硫酸钠溶液为电解质，测定循环伏安曲线，改变扫描速率，获得不同的氧化还原峰，利用曲线拟合出氧化还原峰与扫描速率的关系。

在 0.05mol/L 的硫酸钠支持电解质中，在 0～1V 的电位窗口范围内，以不同的扫描速度对氧在石墨/聚四氟乙烯阴极上的还原过程进行循环伏安扫描得到循环伏安曲线（电解质溶液内富含充足的溶解氧）。扫描速度为 22mV/S 时，氧化峰电位 E_{pa} 为 376mV，而阴极还原峰电位 E_{pc} 为 506mV，ΔE_p 为 130mV，并且氧化峰峰形与还原峰形较为对称，表明氧阴极还原过程基本上是可逆过程。

研究发现，阳极的氧化峰电流 I_{pa} 与扫描速率 V 呈线性关系，线性方程为 $I_{pa} = 0.0766v + 1.2710$，$R^2 = 0.9941$（图 4-15 所示）。而在气体扩散电极上的还原峰电流 I_{pc} 与扫描速率 v 也呈线性关系，线性方程为 $I_{pc} = -0.1037v - 6.07405$，$R^2 = 0.9917$（图 4-16 所示）。这表明氧阴极还原过程受吸附控制，也就是说，氧气吸附是过氧化氢产生过程的速控步，是影响氧化还原反应速率的重要因素。

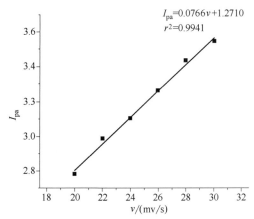
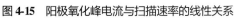

图 4-15 阳极氧化峰电流与扫描速率的线性关系

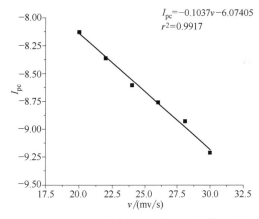

图 4-16 阴极还原峰电流与扫描速度的线性关系

二、氧阴极还原的电化学动力学

1. 电子转移数 n 的确定

通过 Laviron 方程确定电子转移数

$$I_p = \frac{nFQv}{4RT}$$

式中 I_p——峰电流

n——电子转移数

F——法拉第常数（96500C/mol）

Q——电量，单位 C

v——该峰电流下的扫描速率，v/s

R——普适气体常数 8.314J/（mol·K）

T——实验的实际温度，单位 K

依据数据可计算出电子转移数 n 为 1.955。 由此可知，氧阴极还原产生过氧化氢的反应是 2 电子的反应。

2. 电子转移系数 α 以及电子转移速率常数 K_s 的确定

如图 4-17 与图 4-18 所示，在扫描速率从 22mV/s 增加至 30mV/s 时，阳极峰电位与反应速率呈线性关系，计算得知 $E_{pa} = 0.08111gv + 0.3977$，$r^2 = 0.9993$。 如图 4-19 与图 4-20 所示，随着扫描速率的增加，阴极还原峰电位随之减小。 在扫描速率从 18mV/s 增至 28mV/s 时，阴极峰值与扫描速率呈线性关系，数据计算得出线性方程 $E_{pc} = -0.11241gv - 0.1867$，$r^2 = 0.9975$。 实验过程中还发现阳极峰与阴极峰电位值差值随着扫描速率的增加而变大，由此可知，该体系的氧阴极还原反应为典型的吸附控制过程。 对于准可逆的电极反应，Laviron 方程给出了 E_{pa} 与 v 之间的关系，如式（4-9）、式（4-10）所示

$$E_{pa} = E_0' + \frac{RT}{(1-\alpha)n_\sigma F} \ln \frac{RTK_S}{(1-\alpha)n_\sigma F} + \frac{2.303RT}{(1-\alpha)n_\sigma F} \lg v \qquad (4-9)$$

$$E_{pc} = E_0 + \frac{RT}{\alpha n_\sigma F} \ln \frac{RTK_S}{\alpha n_\sigma F} - \frac{2.303RT}{\alpha n_\sigma F} \lg v \qquad (4-10)$$

式中　α——电子转移系数

K_S——表面反应的电子转移速率常数

v——扫描速率

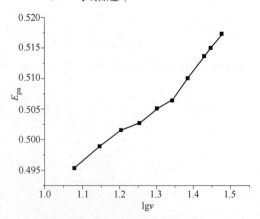

图 4-17　阳极氧化峰电位与扫描速率的关系

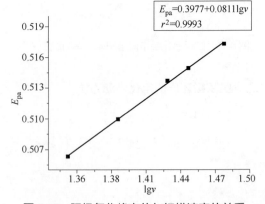

图 4-18　阳极氧化峰电位与扫描速率的关系

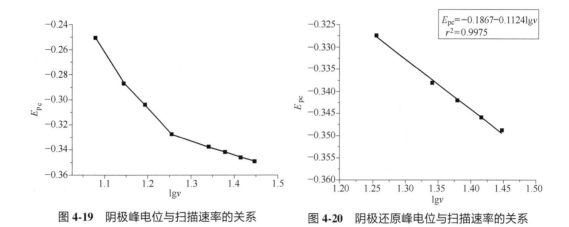

图 4-19　阴极峰电位与扫描速率的关系　　图 4-20　阴极还原峰电位与扫描速率的关系

式（4-11）与式（4-12）分别是在扫描速率为 18mV/s 到 22mV/s 期间，峰电位与扫描速率呈线性关系的方程式

$$E_{pa} = 0.0811 lgv + 0.3977，r^2 = 0.9993 \tag{4-11}$$

$$E_{pc} = -0.1124 lgv - 0.1867，r^2 = 0.9975 \tag{4-12}$$

根据式（4-11）与式（4-12），可以计算该体系中氧阴极还原反应中的电化学动力学参数，电子转移系数 α 为 0.419，根据直线的斜率求得反应的电子转移速率常数 K_s 为 0.022s^{-1}。从这些实验数据，我们可以得出以下结论：在自制的气体扩散电极上进行的氧阴极还原反应生成过氧化氢的过程中，速率控制步骤为气体吸附过程，所以气体扩散电极要有较大孔隙率，让氧气有附着点，为氧阴极还原反应提供可能性；而且要保证氧气量的充足，有氧气不断地去补充消耗的发生反应的氧气。

石墨/聚四氟乙烯扩散电极用于氧阴极还原产生过氧化氢的电化学过程受氧气吸附控制，氧气吸附过程是控制氧阴极还原反应速率的步骤，是提高反应速率的关键，也就是说电极的孔径、孔隙率以及三相界面等都是影响过氧化氢产生的关键。通过探索氧化峰电压、阴极还原峰电压与扫描速率之间的关系，得知氧阴极还原产过氧化氢是一个 2 电子的反应，电子转移系数 α 为 0.419，电子转移速率常数 K_s 为 0.022s^{-1}。

第四节　基于掺杂金属氧化物的石墨电极的电化学过氧化氢漂白

一、掺杂金属氧化物的石墨电极的制备及性能

1. 掺杂金属氧化物的石墨电极的制备

电化学催化是指加入活性物质促进或者抑制电化学反应的发生的过程。电催化剂既可以修饰电极来改变电极电势，又可以通过加速或者降低电子的传递速率来改变反应。电极

反应实现催化一般有两种途径：一种是通过电极材料本身产生或者通过各种工艺使电极表面修饰和改性实现，另一种是溶液中的修饰物可以加快或者抑制反应速率。 电化学催化中对催化剂有较高的要求：一是电催化活性较高，可以有效地加快或减缓反应速率，一般希望在较低过电位下进行，这样可以减少能耗；二是有较高的电催化选择性，可以催化所需要的电极反应，使反应加快，而对于副反应的催化活性较低；三是电催化剂稳定性好，机械强度高，耐腐蚀；四是考虑到成本因素，电催化剂的制作成本不高或者购买价格较为低廉。 催化剂分为均相和非均相两种；与反应物、产物处在同一个相的催化剂是均相催化剂；处于不同的相就是非均相催化剂，如固态催化剂在液混合相中的反应，电催化剂是非均相催化剂，一般以贵金属居多。 Pt 是一种使用较为广泛的催化剂，但是 Pt 是稀有金属，这样就加大了生产成本，故而学者们致力于研究廉价而又有效的催化剂。 有些学者提出的吸附改性，是将某些活性组分加入到溶液中，电极将其吸附至表面，从而完成的电极的修饰，但是问题是如何选择不容易脱落或者能长久吸附在电极表面的物质。 Vaik 等人发现某些金属配合物或者有机分子能够不可逆地吸附于碳素电极表面，比如热解石墨和玻碳电极等。 Nguyen-Cong 等人采用了金属氧化物作为催化剂，制备了 $Ni_xCo_{3-x}O_4$/聚吡咯复合电极，并以此进行氧还原反应。 本节介绍采用过渡金属氧化物对石墨/聚四氟乙烯电极进行掺杂改性及其用于电化学产生过氧化氢和纸浆漂白的有关内容。

贵金属因其较高催化活性而被广大学者所青睐，然而却因价格昂贵常常在工业阶段的使用受到限制。 若以稀土金属代替贵金属，则能够大大降低成本，而且还可以较好的催化效果。 氧化锆具有氧化还原特性，能在还原反应中供氧，也能在氧化反应中耗氧。 氧化铈具有良好的稳定性，能够保持较高的催化活性。 氧化铈因其电学性能优良，被广泛地应用在气体传感器，燃料电池等多个领域。 氧化镧和氧化锆也作为一种有效催化剂在电化学领域被广泛应用。

将氧化锆、氧化镧、氧化铈粉末按照一定的比例与石墨粉末混合，将混合物中加入丙酮溶液，置于超声波中振荡 10min，使得混合物与丙酮混合均匀。 然后，按照固体混合物粉末与聚四氟乙烯的质量为 2∶1 的比例，加入一定量的聚四氟乙烯溶液，超声振荡 20min。将振荡后的混合物置于 80℃水浴中，使丙酮不断挥发出来，从而形成一种糊状物，将该糊状物均匀地按压在事先处理好的不锈钢网上形成气体扩散层，将覆盖了气体扩散层的不锈钢网放在马弗炉中，在 300℃下煅烧形成一定结构，从而制成金属掺杂的石墨聚四氟乙烯气体扩散电极。

将掺杂氧化锆的电极，掺杂氧化镧的电极与掺杂氧化铈的电极分别应用于气体扩散电极——产过氧化氢的电化学体系中，比较相同时间内产生过氧化氢的量。 单位时间内过氧化氢产量较多的电极，则为较好的催化电极。

如表4-8所示为掺杂不同金属氧化物的电极用于产生过氧化氢时的性能。 表4-8表明，相同时间内，掺杂氧化镧的电极要比掺杂氧化铈的电极产生的过氧化氢多，而掺杂氧化锆的电极180min内产生了233.28mg/L，比前两者的产量都要高。 从产量来看，相比之下，氧化锆电极具有较好的氧阴极还原性能，氧化锆的掺杂能够大幅度提高过氧化氢的产量。

表4-8　不同种类的电极的过氧化氢产量(各金属氧化物掺杂量均为石墨质量的20%)

单位：mg/L

电 极 种 类	60min	120min	180min
掺杂氧化镧电极	93.02	106.13	133.88
掺杂氧化铈电极	53.28	87.97	119.32
掺杂氧化锆电极	128.19	204.95	233.28

2. 掺杂氧化锆电极的电化学行为

为了比较掺杂不同比例的氧化锆电极的性能，进行电化学测试，测得其循环伏安曲线，如图4-21所示。 从图中可以看出这几种电极在0～0.3V之间均出现了还原峰，说明实验过程中有过氧化氢的产生，但是这四种电极的峰电流却有差别，掺杂20%的氧化锆电极的峰电流最高，10%次之，40%与60%最小。 这充分表明20%的掺杂氧化锆的电极性能最好，相同时间内产生的过氧化氢较多，电流效率较高，10%的电极性能仅次于20%的电极，40%与60%的电极由于掺杂了较多的氧化锆反而大大削弱了气体扩散，从而影响电极产过氧化氢的能力。 20%的电极比较适合选作电催化氧阴极还原产过氧化氢体系的阴极。

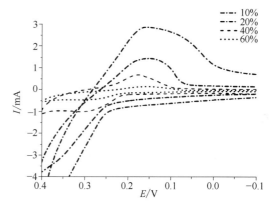

图4-21　不同氧化锆掺杂量电极的循环伏安曲线

二、掺杂氧化锆的石墨聚四氟乙烯电极电化学产过氧化氢性能

1. 不同电流密度下氧化锆/石墨/聚四氟乙烯电极的产过氧化氢性能

（1）电流0.05A下氧化锆含量对过氧化氢产量的影响

在掺杂催化剂的气体扩散电极的原材料中，固体粉末包括石墨粉末与氧化锆粉末。 石墨与氧化锆的质量比例是影响电极性能的重要因素。 若想获得性能优良、导电性好，稳定好的电极，石墨与氧化锆的质量比最为重要。 若氧化锆的含量太高，则电极的导电性能将

大大降低；若氧化锆含量过低，又可能会因为催化剂含量低而影响正常的催化效果。 对比氧化锆与石墨质量比为 1∶10、1∶5、2∶5 和 3∶5 的气体扩散电极进行氧阴极电化学时过氧化氢的产量，结果如图 4-22 所示。

由图 4-22 可以看出，120min 内质量比为 1∶10 的电极产生了 63.98mg/L 的过氧化氢，而 1∶5 的气体扩散电极产生了 134.08mg/L 的过氧化氢，产量提高较多，2∶5 的电极产生了 71.19mg/L 的过氧化氢，3∶5 的电极产生过氧化氢的量为 58.24mg/L，当掺杂氧化锆的量是石墨质量的 20% 时，电极性能较好，况且 240min 内也是 20% 的电极产生量较多。 实验数据表明，在电流为 0.05A 下，掺杂氧化铬的量为 20% 时，过氧化氢的产量较高，比例高于 20% 或者低于 20% 的电极都不能有效地发挥氧化锆的催化效能。 从图 4-22 与图 4-23 中也能够很明显地看出掺杂量为 20% 的电极随着时间的延长，过氧化氢产量不断地增加，而且要远远大于其他比例的电极的产量。 掺杂量为 60% 的电极过氧化氢产生量最少，电极性能表现较差。 掺杂氧化锆 20% 的气体扩散电极是较好的气体扩散电极。

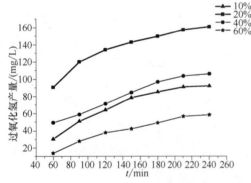

图 4-22　电流 0.05A 下，不同比例的电极的
过氧化氢产量随时间的变化

（板间距 6cm，初始 pH11.0，时间 240min，

Na_2SO_4，浓度 0.05mol/L，温度 30℃）

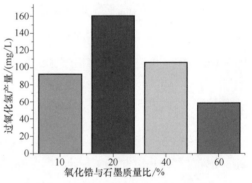

图 4-23　电流 0.05A 下，不同比例的电极
240min 内的过氧化氢产生量比较

（板间距 6cm，初始 pH11.0，时间 240min，

Na_2SO_4，浓度 0.05mol/L，温度 30℃）

（2）电流 0.10A 下氧化锆含量对过氧化氢产量的影响

把电流设置在 0.10A，氧化锆与石墨不同质量比例的电极用于电化学过氧化氢制备的情况如表 4-9 及图 4-24 所示。 240min 内掺杂氧化锆 20% 的电极产生的过氧化氢为 327.03mg/L，掺杂量 10% 的电极比掺杂量 20% 的电极的产量低，为 72.31mg/L。 由此说明掺杂量为 10% 的电极的催化性能较低，生成物的产量不高。 过度增加氧化锆的量同样不利于氧阴极还原反应的进行，因为掺杂量 30% 的电极与掺杂量 40% 的电极在 240min 内产生过氧化氢的量分别为 59.10mg/L 和 60.45mg/L，都较 20% 低。 在 20% 的基础上继续增加氧化锆的含量不利于过氧化氢的生成。 从图 4-24 中，可以直观地对比出掺杂量为 20% 的电极在

过氧化氢产量方面明显优于其他电极，其产量比掺杂量为 60% 的电极的产量多出大约 300mg/L，这说明，选择一个优良的电极对整个反应能否顺利进行，是否能够达到高产量，是否可以有效地节约资源起着至关重要的作用。电流 0.10A 下，掺杂氧化锆为 20% 的气体扩散电极适合选作阴极电极进行氧还原反应。

表 4-9　电流 0.10A 下不同氧化锆掺杂量与过氧化氢产量的变化　单位：mg/L

氧化锆掺杂量	10%	20%	40%	60%
60min	28.07	128.19	21.58	18.21
90min	39.65	156.76	34.86	26.97
120min	49.87	204.95	48.13	38.01
150min	53.73	220.65	54.58	42.17
180min	60.32	233.28	56.76	50.45
210min	68.34	274.29	58.02	56.32
240min	72.31	327.03	59.10	60.45

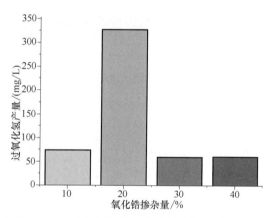

图 4-24　电流 0.10A，不同氧化锆掺杂量的电极对过氧化氢产量的影响

（3）电流 0.15A 下氧化锆含量对过氧化氢产量的影响

电流 0.15A 下，氧化锆掺杂量下过氧化氢的产量具有较大差别，如表 4-10 与图 4-25 所示。氧化锆掺杂量为 10%，20%，40% 和 60% 的气体扩散电极 120min 内产生的过氧化氢的产量分别为 103.78mg/L，179.45mg/L，84.32mg/L 和 62.06mg/L，而在 240min 内过氧化氢的产量分别为 173.74mg/L，264.85mg/L，141.02mg/L 和 98.37mg/L。在电流 0.15A 下，掺杂量为 20% 的电极表现出了较好的电催化活性，相同时间内过氧化氢的产量较高。另外，图 4-25 表明，掺杂量为 10%，40% 与 60% 的电极的过氧化氢的量远远低于掺杂量为 20% 的电极的过氧化氢的量。在电流 0.15A 下，仍旧是 20% 的掺杂氧化锆气体扩散电极较

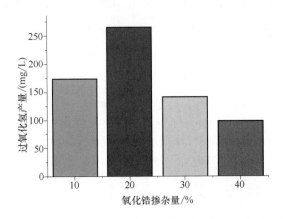

图 4-25　电流 0.15A 下，不同氧化锆掺杂量对过氧化氢产量的影响

（电流 0.15A，pH 12.02，板间距 6cm，Na$_2$SO$_4$ 浓度 0.05mol/L，温度 30℃）

适用于氧还原反应。

表 4-10　电流 0.15A 下，不同氧化锆掺杂量对过氧化氢产量的影响

单位：mg/L

氧化锆掺杂量	10%	20%	40%	60%
60min	62.65	100.87	48.65	32.78
90min	97.63	143.65	65.38	52.18
120min	103.78	179.45	84.32	62.06
150min	135.57	210.65	100.45	76.31
180min	158.36	234.74	127.97	85.41
210min	169.34	258.03	137.32	92.34
240min	173.74	264.85	141.02	98.37

（4）电流 0.20A 下氧化锆含量对过氧化氢产量的影响

表 4-11 与图 4-26 反映了电流 0.20A 时，氧化锆与石墨不同质量比电极产生过氧化氢的情况。90min 内，掺杂量 10%、20%、40% 与 60% 的气体扩散电极分别产生了 127.68mg/L、195.76mg/L、105.72mg/L 和 73.01mg/L 的过氧化氢，掺杂量 20%、40% 和 60% 的电极的产量差别不是很大，掺杂量 20% 的电极产量要相对高一些。

2. 掺杂氧化锆电极的形貌分析

氧化锆不同掺杂量的气体扩散电极的表面形貌如图 4-27 所示。掺杂量 10% 的电极表面看上去较为平整，孔隙率低，氧化锆粉末不能均匀地附着在石墨粉上，这样既不能很好地发挥催化作用，又会因为孔结构较少导致氧气吸附少。掺杂量20%的电极表面催化剂与石墨较均匀地结合，能够较好地催化氧阴极还原反应，另外电极孔隙率较高，有利于氧气的吸附，过氧化氢产量较高。掺杂量40%与60%的电极中含有的氧化锆含量较高，电极黏结性能较差，电极粉末之间较难组成块状，而且因为石墨粉末比例的下降，电极的导电性能有所下降。

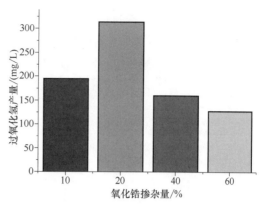

图4-26 电流0.20A下，不同氧化锆掺杂量对过氧化氢产量的影响

表4-11 电流0.20A下氧化锆掺杂量过氧化氢产量的变化 单位：mg/L

氧化锆掺杂量	10%	20%	40%	60%
30min	83.97	110.32	64.87	41.69
60min	104.72	190.41	82.19	62.17
90min	127.68	195.76	105.72	73.01
120min	141.03	219.48	123.73	83.52
150min	162.54	237.52	138.37	95.76
180min	174.39	261.63	146.84	103.81
210min	183.01	284.73	152.49	117.06
240min	193.72	313.23	159.32	127.49

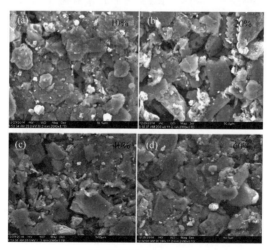

图4-27 不同氧化锆掺杂量的电极的ESEM

3. 电流密度对电催化产过氧化氢的影响

在无隔膜体系中，采用阴极底部曝气，以掺杂氧化锆的气体扩散电极为阴极，以与阴

极相同规格的不锈钢网作阳极，以0.05mol/L的硫酸钠溶液为电解质溶液，电解质溶液pH为11.0，电极板间距为6cm。电流密度与过氧化氢产量的关系如表4-12。

表4-12　不同电流密度对电催化产过氧化氢的影响　　　　　　单位：mg/L

电流密度/（mA/cm²）	0.78	1.56	2.34	3.13
60min	90.48	128.19	100.87	110.32
90min	119.97	156.76	143.65	190.41
120min	134.08	204.95	179.45	195.76
150min	142.82	220.65	210.65	219.48
180min	149.71	233.28	234.74	237.52
210min	157.21	274.29	258.03	261.63
240min	160.61	327.03	264.85	284.73

从表中可以看出，随着电流密度的增加，过氧化氢的产量也随着增加，因为单位时间内电子传输的较多，使得氧阴极还原反应平衡向生成过氧化氢的方向移动，不断地有产物产生，在电催化体系中，电流密度为0.78mA/cm²时，60min内产生了90.48mg/L的过氧化氢，比没有加催化剂的体系（图4-7），相同条件下多生成了约70mg/L。在电流密度为1.56mA/cm²时，过氧化氢的产量达到了最大值，60min内为128.19mg/L，比没有加催化剂的体系（图4-7）多出了65mg/L，说明氧化锆在此体系中表现出了一定的催化效果。继续增加电流密度，由于竞争反应氢离子电离的出现，过氧化氢的产量有所下降。另外，随着时间的延长，过氧化氢的产量大幅度增加，在240min、电流密度为1.56mA/cm²时，可以获得327.04mg/L的过氧化氢，是相同条件下，是没有加催化剂的体系产量的2倍多。实验数据表明，掺杂氧化锆的气体扩散电极可以大大提高过氧化氢的产量。

4. 电解液初始pH对电催化产过氧化氢的影响

在无隔膜体系中，以电催化气体扩散电极为阴极氧化锆掺杂量为20%，以0.05mol/L的硫酸钠溶液为电解质溶液，保持电流密度在1.56mA/cm²，不同的电解液pH对过氧化氢产量具有较大的影响，如图4-28所示。如前所述，若电解液碱性过低，影响氢过氧根离子的产生，若碱性过高，强碱性会使过氧化氢无效分解，也会降低过氧化氢的浓度。同样在电催化体系中，控制好电解液的pH至关重要。研究表明，pH从8.2增加到11.0，相同时间内过氧化氢的产量提升，到11.0时，120min内产量为256.31mg/L。继续增

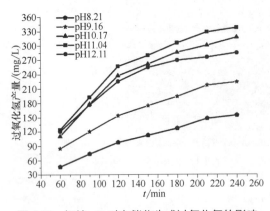

图4-28　初始pH对电催化生成过氧化氢的影响

加电解质溶液的碱性，过氧化氢的产量有所下降，说明强碱性条件下不利于过氧化氢的产生。

5. 板间距对电催化产过氧化氢的影响

在无隔膜体系中，以掺杂氧化锆的气体扩散电极为阴极，以 0.05mol/L 的硫酸钠溶液为电解质，初始 pH 为 11 左右，保持电流密度为 1.56mA/cm²。图 4-29 表明，板间距为 6cm 时，单位时间内过氧化氢产量最多，无论板间距小于 6cm，还是大于 6cm 时，过氧化氢的生成速率都会减小。板间距过大，不利于电子传输，板间距过小，氢过氧根离子容易到达阳极板而分解。板间距为 2cm 时，最不利于过氧化氢的产生。板间距为 6cm 时，240min 内可以产生 337.89mg/L 的过氧化氢。板间距为 10cm 时，60min 内产生了 120.48mg/L 过氧化氢。

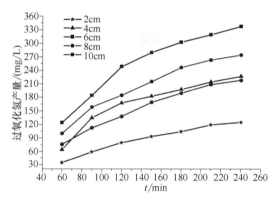

图 4-29　板间距对过氧化氢产量的影响

三、掺杂氧化锆的石墨聚四氟乙烯电极电化学过氧化氢纸浆漂白

1. 电流密度对电化学过氧化氢纸浆漂白的研究

以掺杂氧化锆的气体扩散电极为阴极，在阴极底部进行简单的曝气，以同样规格的不锈钢网为阳极，再以硫酸钠溶液为电解质，组成一个氧化还原体系，将阴极产生的过氧化氢用于杨木硫酸盐浆漂白。

由于主反应氧阴极还原与副反应氢离子电离发生的电极电势不同，因而在不同的电流密度下有不同的反应。在不同的电流密度下主导反应也不同。增加电流密度，纸浆的卡伯值和黏度不断地下降，纸浆白度也在逐渐升高，如图 4-30 和表 4-13 所

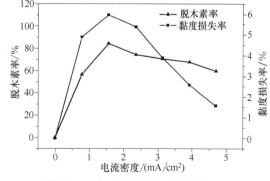

图 4-30　电流密度对纸浆漂白的影响

示。 在电流密度到达 1.56mA/cm² 时，卡伯值达到最小值 2.08，黏度为 655.6cm³/g，纸浆白度由最初的 43.6% ISO 达到 70.7% ISO。 继续增加电流密度，纸浆的卡伯值与黏度均增大，白度有所下降。 这是因为竞争反应开始发生，氧阴极还原反应不再是主导反应。 另外，在电流密度为 1.56mA/cm² 时，木素脱除率达到最大值，黏度损失率不足 5%。

表 4-13　电流密度对纸浆漂白的影响

电流密度/(mA/cm²)	卡伯值	黏度/(cm³/g)	白度/% ISO	电流密度/(mA/cm²)	卡伯值	黏度/(cm³/g)	白度/% ISO
0	13.34	697.2	43.6	3.12	3.91	670.1	67.6
0.78	5.77	662.8	63.3	3.91	4.29	679.2	65.2
1.56	2.08	655.6	70.7	4.69	5.37	681.5	63.9
2.34	3.42	659.7	68.9				

2. 初始 pH 对电化学过氧化氢纸浆漂白的研究

电解质溶液的酸碱性是制约纸浆漂白的一个重要因素。 碱性太强，过氧化氢容易分解，植物纤维也会发生降解，聚合度下降；碱性太弱，氧阴极还原反应又较为缓慢，不利于纸浆漂白。 提高电解液的碱性，卡伯值与黏度均不同程度的下降，如图 4-31 和表 4-14 所示。 在 pH 为 11 左右，卡伯值从最初的 13.34 降到 1.89，木素脱除率达到 80% 多，而黏度损失不足 4.5%，白度达到 75% ISO。 继续增强电解质溶液的碱性，纸浆白度下降，纤维聚合度大大下降，木素脱除率降低。 电解质溶液的 pH 控制在 11 左右较为恰当。

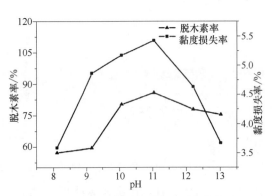

图 4-31　不同初始 pH 对纸浆漂白的影响

表 4-14　不同 pH 对纸浆漂白的影响

初始 pH	卡伯值	黏度/(cm³/g)	白度/% ISO	初始 pH	卡伯值	黏度/(cm³/g)	白度/% ISO
8.11	5.72.	672.3	66.3	11.04	1.89	659.4	75.3
9.17	5.41	663.4	67.1	12.21	2.97	664.9	70.4
10.07	2.65	661.2	71.3	13.02	3.29	671.6	68.3

3. 不同板间距下电化学过氧化氢纸浆漂白效果

板间距为 6cm 时较有利于纸浆漂白，卡伯值达到 1. 34，黏度为 657. 1cm³/g，白度为 77. 8% ISO，如图 4-32 所示，漂白纸浆的各项物理性能较好。 板间距无论低于 6cm 还是高于 6cm 均不利于纸浆的漂白。

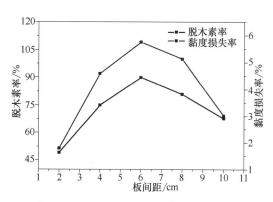

图 4-32　板间距对纸浆漂白的影响

参 考 文 献

［1］ Pomilio U. Recovery and Utilization of Waste Liquors in the Pulp Industry1 ［J］. Industrial & Engineering Chemistry，1927，19（3）：344-346.

［2］ Nassar M，Fadaly O，Sedahmed G. A new electrochemical technique for bleaching cellulose pulp ［J］. Journal of Applied Electrochemistry，1983，13（5）：663-667.

［3］ Fadali O. Bleaching of bagasse pulp by electrochemical process ［J］. Cellulose chemistry and technology，1991，25（3-4）：181-187.

［4］ Bidault F，Brett D，Middleton P. Review of gas diffusion cathodes for alkaline fuel cells ［J］. Journal of Power Sources，2009，187（1）：39-48.

［5］ Show Y，Itabashi H. Electrically conductive material made from CNT and PTFE ［J］. Diamond and related materials，2008，17（4-5）：602-605.

［6］ Giorgi L，Antolini E，PozioA. Influence of the PTFE content in the diffusion layer of low-Pt loading electrodes for polymer electrolyte fuel cells ［J］. Electrochimica Acta，1998，43（24）：3675-3680.

［7］ Chen-Yang Y，Hung T，Huang J. Novel single-layer gas diffusion layer based on PTFE/carbon black composite for proton exchange membrane fuel cell ［J］. Journal of Power Sources，2007，173（1）：183-188.

［8］ Fang Z-Q，Hu M，Liu W-X. Preparation and electrochemical property of three-phase gas-diffusion oxygen electrodes for metal air battery［J］.Electrochimica acta，2006，51（26）：5654-5659.

［9］ 马永林.Pt/C 气体扩散电极制备方法的探索［J］.电化学，1996，（1）：107-110.

［10］ Doeff M M，Ma Y，Visco S J. Electrochemical insertion of sodium into carbon［J］.Journal of The Electrochemical Society，1993，140（12）：L169-L170.

第五章 纸浆电化学漂白阳极材料特性及其选择

电极在电化学反应中不仅起着传递电子的作用，同时也是电化学反应的场所（对不溶性电极）。电极材料的化学性质以及表面状况在很大程度上影响着电化学反应，例如，电化学反应的速度、反应机理及反应方向等。在电化学反应中，电极表面区域随着电荷移动而伴生非均相催化反应，该反应类似于化学催化作用，这在电化学中统称为电催化。在电催化反应中，电极作为电催化剂，不同的电极材料可以使电化学反应速度发生数量级上的变化，所以适当选择电极材料是提高电化学催化反应效率的有效途径。

1896年人造石墨试制成功后，电极进入了石墨电极时代，而发明者 Acheson 也成为开发电解工业用电极材料的创始人。1968年涂层钛阳极成功用于氯碱工业生产中，从此电极进入了钛电极时代。目前，水溶液中常用的四大电极材料有涂层钛阳极、石墨电极、铅基合金电极、铂电极。对于石墨电极而言，它既可以作为阳极材料也可以作为阴极材料，具有较好的导电性、导热性、耐蚀性，易于加工成不同的形状，价格便宜，因此它被广泛用在电化学工业中。但该电极用作析氧反应时发生溶解消耗。铂电极具有较高的析氧电位，是电化学氧化反应的理想电极，同时铂电极耐腐蚀，是一种优良电极，但其价格昂贵。铅基合金电极虽在一定程度上得到了推广使用，但在长期使用的过程中该电极具有许多致命缺点，如铅阳极重量大、强度低，易发生弯曲变形，造成短路，且导电性不好，电能消耗比较大等。尽管近年来许多科研工作者对其进行了改进，但铅基阳极的致命缺点仍没有完全得到解决，因此人们把目光更多地集中在了钛基涂层电极上。

涂层钛阳极主要指的是铂族金属氧化物涂层钛阳极，它是以金属钛作为电极基体，表面涂敷以铂族金属氧化物为主要组分的活性涂层。涂层钛电极，又称金属阳极，国内外一般称为 DSA（Dimensionally StableAnode），又称 DSE（Dimensinally Stable Electrode）、PMTA（Precious Metal-coated TitaniumAnode）、OCTA（Oxide Coated TitaniumAnode）、ATA（Activated TitaniumAnode）、NMCA（Noble Metal CoatedAnode），是20世纪60年代中期发展起来的一种新型高效不溶性阳极材料[1]。

根据电化学介体漂白对电极性能的要求以及不同电极材料的性质，本章主要介绍电极阳极材料的选择以及不同阳极材料电极用于电化学介体催化脱木素的性能。

第一节　电极材料的选择及钛基涂层电极的制备

选择电极材料，首先需要了解电化学反应如何受电极基体材料性质的影响。 电极反应是电子参与的氧化还原反应，所以电催化反应进行的情况同电极电位有重要的联系。 电极电位越负，越容易失电子；电极电位越正，越容易得到电子。 电极电位负的金属是较强的还原剂，电极电位正的金属是较强的氧化剂，所以电极电位是选择电极材料的重要依据。

电极的电催化作用既可以来自电极材料本身，也可用有电催化功能的"覆盖层"对电极表面进行改性而实现，它们是两类不同的电催化电极。 尽管电极类型各异，但对它们有共同的要求，即好的导电性和耐蚀性。 由于钛的高耐蚀性，以钛为基体，在其表面"覆盖"有电催化剂及其他组分的金属氧化物的电极是一类重要的电极类型。

一、阳极材料的选择

除去纸浆中的残余木质素，或使残余木质素的苯环开环而破坏发色基团是纸浆脱木素的主要目的。 电化学介体脱木素是利用阳极的催化氧化作用使电解液中的催化介体转化为具有氧化能力的物质，从而与纸浆中的残余木素发生化学反应，使纸浆中的木素发生降解或溶出，达到脱除木素的目的。 因此阳极材料的选择对脱木素效果有很大影响。 好的阳极材料不仅可以通过电流作用产生漂白物质，还可提高木质素的电氧化效果。 阳极材料要求耐碱、耐氧化，具有较高的电极电位和较高的析氧电位，同时要有较高的催化活性。 在众多的电极材料中，铂电极耐腐蚀且具有很高的析氧超电位，但价格昂贵；铁在漂白过程中容易被氧化；石墨电极导电性能良好，在电解过程中容易脱落，但可通过适当的处理减缓其脱落；二氧化铅电极的超电位与铂电极相似，耐大多数的氧化剂腐蚀，材料价格低廉，但易发生变形；钛基金属氧化物电极以钛为基体，经过在其表面"覆盖"一层电催化剂或几种不同金属氧化物的混合层，从而能够达到较高的催化活性，该类电极是较为被看好的电极。

由于电化学介体脱木素是利用电极的高氧化电位使得催化介体转化为氧化态或自由基形式，因而需要其具有相对较高的析氧电位，但如果析氧电位过高，也会存在电极将催化介体本身氧化降解的可能性，因而需要具有适当的电极电位。 此外，所选电极材料应该使催化介体在其表面发生氧化反应后，能够较为快速的与电极板发生"脱附"，如果催化介体易于"吸附"在阳极上时，会降低催化效率，同时也存在发生电化学燃烧的可能。 所用电极表面应具有相对较高的比表面积，从而使得催化介体能够更大程度地与电极发生接触，加快催化反应的发生。 研究表明，不同涂层钛阳极具有不同的催化活性和电化学性能，通过改变表面涂层的成分，可以制得具有不同催化活性和电化学性能的电极。

二、不同金属氧化物涂层钛阳极的制备

（1）钛基金属预处理　将厚 1.5mm、面积为 12cm×6cm 的金属钛板用水洗净，然后置于 5%NaOH 溶液中煮沸 1h，取出冷却后，用丙酮洗涤，然后用 1#～4# 砂纸进行打磨，打磨后的金属钛板用丙酮进行洗涤，洗涤后置于 10% 草酸中煮沸 2h，然后用丙酮冲洗干净，保存于 1% 草酸溶液中备用。

（2）锡锑氧化物中间层的制备　将一定量的 $SnCl_4$、Sb_2O_3 用盐酸溶解，然后加入适量的正丁醇配成混合溶液。用毛刷均匀涂敷在上述经过预处理的金属钛板上，然后先在马弗炉中于 120～140℃ 干燥 15min，再在 450～500℃ 下热分解 10～20min，反复多次，最后一次延长时间至 1h。冷却后用于钛基金属氧化物涂层电极的制备。

（3）钛基二氧化锰电极的制备　钛基二氧化锰电极采用热分解法进行制备。将硝酸锰加热到 90℃，使其成为硝酸锰熔盐。将预热到 100～120℃ 的已经涂有锡锑氧化物底层的钛基体放入熔盐中浸泡 3～5min。取出后立即置于电炉中于 190～200℃ 下热分解，恒温 20～30min。上述操作反复进行多次，最后一次在 150～250℃ 下烧结一定时间。涂层厚度 1～2mm，涂层量约为 3kg/m²。

（4）钛基二氧化铅电极的制备　钛基二氧化铅电极采用电沉积法进行制备。涂有锡锑涂层的钛板作阳极，选取具有相同面积的不锈钢板作阴极。为获得均匀、内应力小的镀层，阴极对称地分布在阳极两侧。电沉积溶液组成为：0.1mol/L HNO_3、0.5mol/L $Pb(NO_3)_2$ 及 40mmol/L NaF 添加剂，温度：85℃，极距：50mm，电沉积电流密度：20mA/cm²，经不同的电沉积时间可获得不同涂层厚度的电极。

（5）钛基铂电极的制备　钛基铂电极的制备采用烧结法进行。将氯铂酸（$H_2PtCl_6\cdot6H_2O$）溶于一定比例的正丁醇/水溶液中，然后对预热至 120℃ 的涂有锡锑涂层的钛板进行浸渍处理，继而在 120℃ 下对其进行一定时间的干燥，然后再在 400～500℃ 的温度下进行热分解一定时间。如此反复多次，最后一次延长至 1h。

（6）钛基钌钛涂层电极的制备　钛基钌钛涂层电极的制备采用刷涂的方式进行。适量的 $RuCl_3$ 和钛酸四丁酯 [$Ti(C_4H_9O)_4$] 溶于盐酸溶液中，并加入正丁醇，使其全部溶解，制成溶液。用毛刷将该溶液均匀地涂敷在前面经过预处理的钛基体上，然后在 200℃ 下烘干一段时间，再在马弗炉中进行氧化 15min，反复多次，最后一次延长至 1h，冷却后备用。

（7）钛基锡锑涂层电极的制备　方法同（6）中所述，只是刷涂的次数以及刷涂液的组成略有不同。

第二节　涂层钛阳极电极的结构性能

一、涂层钛电极性能及表面涂层 X 射线衍射试验（XRD）分析

1. SnSb 中间涂层的作用及 SnSb 涂层钛电极涂层 XRD 分析

用金属钛作为电极基体来进行电极的制备时，在制备和使用过程中，金属钛容易被氧化生成具有较高电阻率的 TiO_2，使得电极的导电率下降。此外，钛基体与其他表面涂层金属氧化物之间的结合力相对较差，表面涂层容易在使用过程中发生脱落或裂缝，降低电极的使用寿命。因此，一般都在钛基体表面涂制一层 SnSb 氧化物的底层[2]。

SnO_2 能带范围相当宽，达 3.5eV，具有较高的导电性，其最高导电率可达 3×10^3S/cm，且有良好的化学稳定性和电化学稳定性。SnO_2 对酸或碱是耐腐蚀的，Sn^{4+} 离子半径为 0.071nm，可和基体牢固结合。为提高导电性能，需在 SnO_2 中掺杂。置换 SnO_2 晶格阳原子的有效杂质是氟原子；置换 Sn 原子的有效杂质是 Sb、P、W 等，其中以 Sb 原子最为有效。随着掺 Sb 量的增加，SnO_2 的电导率逐渐增大到一峰值。含 6%（原子）Sb 的 SnO_2 具有最低的电阻率，等于 2.5×10^{-4}S/cm，掺 Sb 量继续增加，SnO_2 的导电性反而下降。

Sb 对改善 SnO_2 的导电性可解释为，5 价的 Sb 原子取代了 SnO_2 晶格中的 4 价的 Sn 原子后，多余的一个电子进入导带，使导带电子浓度大大增加，因而 SnO_2 的电导也显著提高。但当掺 Sb 量过多时，增加了 SnO_2 晶格的混乱程度，甚至使晶格破坏，SnO_2 的电导降低。

SnSb 氧化物底层在钛基电极中有如下几个方面的作用[3]：

① 阻止高电阻二氧化钛层生成。涂敷有锡锑氧化物底层的钛基二氧化铅电极（Ti/$SnSbO_x$/β-PbO_2）在硫酸介质中阳极极化后，仍然保持原来的断面形貌，Ti 基体、SnSb 底层和 β-PbO_2 镀层各的层次分明，界面清晰，互相间结合良好。

② 降低界面电阻。

③ 增加镀层和钛基体之间的结合力。

锡锑氧化物涂层属非钌氧化物涂层，它是将四氯化锡、三氯化锑等配成涂液，用毛刷均匀涂刷在钛基体表面，烘干后在一定温度下煅烧一段时间，反复多次，从而使生成均匀致密的锡锑氧化物层。

高温下热分解发生的热氧化反应如下：

$$SnCl_4 \xrightarrow{114℃以上} SnO_2$$

$$SbCl_3 \xrightarrow{223℃} Sb_2O_3 \xrightarrow{430\sim900℃} Sb_2O_4 \xrightarrow{900℃以上} Sb_2O_5$$

热氧化温度影响锡、锑的氧化状态。 温度较低时，锡、锑转化不完全，导致不耐腐蚀，影响活性和寿命。 煅烧温度高于 550℃ 时，Sb_2O_3 会挥发，影响涂层组分，且温度太高，锑会氧化成 Sb_2O_5。 5 价 Sb 没有电子可放出，从而大大降低涂层的导电性能。 因此，热氧化温度为 450℃ 为宜。

对四氯化锡和三氯化锑单独热分解产物结构进行测定[4]，发现 $SnCl_4 \cdot 5H_2O$ 高温分解后生成纯的 SnO_2，如图 5-1 所示。 $SbCl_3$ 高温热分解后生成几种锑的氧化物，如立方 Sb_2O_3，斜方 Sb_2O_3 和 Sb_2O_4。 但将 $SnCl_4 \cdot 5H_2O$ 和 $SbCl_3$ 按比例混合，高温热分解得到的产物并不是 SnO_2 和 SbOx 的混合物，而是这两种氧化物的固溶体，见图 5-2。 图 5-2 中没有出现 SbOx 的特征谱线，只有 SnO_2 的特征谱线，而且每条特征谱线的位置与 SnO_2 相比稍有偏移，特征峰的形状亦宽一些，这是 Sb 在 SnO_2 中固溶所造成的。

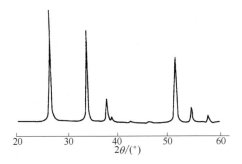
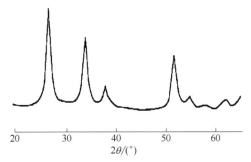

图 5-1　$SnCl_4 \cdot 5H_2O$ 在 500℃ 下热分解产物的 XRD 图谱　　　图 5-2　$SnCl_4 \cdot 5H_2O$ 与 $SbCl_3$ 混合物 500℃热分解产物的 XRD 图谱

图 5-3 为 SnSb 涂层钛阳极表面涂层的 XRD 谱图，与 ASTM 卡片对照可知，电极表面涂层的主要成分为 SnO_2，2θ（°）= 26.5850，33.9207，51.8640，54.8700，61.9700，66.0400，71.3700，79.4300 和 Sb_2O_3，2θ（°）= 27.5000，34.8800，39.0900，即 SnO_2 和 Sb_2O_3 形成了固熔体。

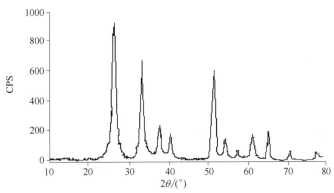

图 5-3　SnSb 涂层 XRD 图谱

2. 钛基二氧化锰涂层电极表面涂层 XRD 分析

二氧化锰是常见的氧催化剂，因此用二氧化锰作为电极材料是有根据的。 很早以前二氧化锰就大量地被用来作为电池中的活性材料，但作为阳极材料是 20 世纪 70 年代以后的事[5]。

二氧化锰有多种晶形，不同的制取方法可得到不同晶形的二氧化锰。 在 200～400℃之间热分解硝酸锰可制得 β-MnO$_2$、α-Mn$_2$O$_3$，阳极电沉积可获得 γ-MnO$_2$，用化学法从过锰酸盐制得的是 δ-MnO$_2$。

二氧化锰涂层制备方法有热分解法和电沉积法。 用上述两种方法均可获得阳极极化作用时比较稳定的 MnO$_2$。 热分解法又分为热浸法和刷涂法。 本书介绍的电极是采用热浸法制备的二氧化锰涂层。 在热分解过程中发生的氧化反应如下所示：

$$Mn（NO_3）_2 \xrightarrow{190～200℃} MnO_2+2NO_2$$

电沉积法获得的 γ-MnO$_2$ 均匀致密，能有效防止中间层与电解液相接触，从而保证了阳极电化学性能的稳定。 电沉积法获得的二氧化锰电极与热分解法的相比，氧过电位稍低些，电沉积法得到的 γ-MnO$_2$ 易碎、易发生龟裂。 因为在电化学介体催化漂白中，需要较高析氧电位的阳极，因此，采用热分解法。

热分解法所得 MnO$_2$ 电极表面，与电沉积法制得的电极相比，由于在制作过程中温度变化较大，而产生较多裂缝，表面致密性不高，但热分解法制得的 β-MnO$_2$、α-Mn$_2$O$_3$ 具有较好的催化活性。 为了防止在基体和涂层之间产生较大的接触电阻，在涂层和基体之间涂敷 SnSb 氧化物中间层。 研究表明[6]，以 SnSb 氧化物为中间层能够取得降低槽电压，防止钛基体钝化的效果。

MnO$_2$ 是缺氧型的 n 型半导体，电导率高，耐腐蚀性强。 β-MnO$_2$ 电导率为 38.5×10^4 mS/cm，Mn^{4+} 离子半径为 0.051nm，MnO$_2$（或 MnO$_{1.98}$）的结晶为金红石型结构。 热分解法制得的 MnO$_2$ 涂层主要为 β-MnO$_2$。 图 5-4 为钛基二氧化锰电极表面涂层的 XRD 谱图，

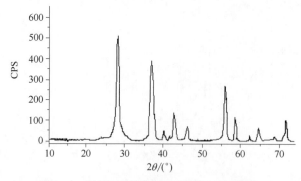

图 5-4   钛基二氧化锰电极涂层 XRD 谱图

由图可看出，该涂层物质在 2θ 为 28.60°、37.30°、46.70°和 56.60°附近均有明显的衍射峰出现，经与标准卡片相对比可知，该样品为 β-MnO_2，属四方晶系。

3. 钛基二氧化铅涂层电极表面涂层 XRD 分析

二氧化铅具有类似金属的良好导电性能，二氧化铅是非化学计量化合物，其化学通式是 $PbO_{1.95}$~$PbO_{1.98}$，由于缺氧，有过剩铅，使二氧化铅具有类似金属的导电性能。 二氧化铅按结晶类型区分为 α-PbO_2 和 β-PbO_2 两种。 α-PbO_2 为斜方晶系，β-PbO_2 为金红石型晶格的四方晶系。 β-PbO_2 的固有电阻率是 α-PbO_2 的 1/7。 二氧化铅电极在水溶液中电解时具有析氧电位高、氧化能力强、耐腐蚀性好、导电性好、可通过大电流等特征。 钛基二氧化铅电极与钛镀铂电极相比较，阳极电位高 200mV 左右，具有独特的氧化催化性能和极化特征，用作阳极氧化电极显示出良好的性能。 钛基二氧化铅电极由于其具有较高的阳极电位，具有独特的氧化能力，从而广泛地用于电化学废水处理、电化学氧化合成有机化合物等多个领域。

为提高钛基涂层二氧化铅电极的坚固性、导电性和耐腐蚀性，在二氧化铅涂层和钛基体之间添加了 SnSb 中间层，从而阻止高电阻 TiO_2 的生成，降低界面电阻，增强 β-PbO_2 镀层与钛基体之间的结合力。 研究表明[7]，Ti/SnSbO$_x$/β-PbO_2 电极在 20% Na_2SO_4 溶液中高电流密度（30A/dm^2）通电 3000 h，电极仍基本完好。 这种有底层的电极寿命比一般的钛基二氧化铅电极（在同样条件下，寿命 200~500h）长 5~10 倍。 Ti/SnSbO$_x$/β-PbO_2 电极在阳极极化过程中不再发生镀层剥离，而代之以 β-PbO_2 的均匀腐蚀。

在 SnSb 氧化物底层的基础上进行电化学沉积镀制 β-PbO_2，其所得电极的表面涂层的 XRD 谱图如图 5-5 所示，所制得的电极表面涂层在 $2\theta = 26.3540°$，$31.9460°$，$36.7900°$，$49.0700°$，$52.0680°$，$58.7630°$，$60.6760°$，$63.5420°$，$68.0240°$，$74.4531°$，$79.0650°$处均有明显的特征谱线。 通过与标准 β-PbO_2 衍射谱图对比，说明用电化学沉积法制备的钛基二氧化铅电极表面涂层的主要晶相为 β-PbO_2，但其中也有少许 α-PbO_2 的特征谱线的出现，

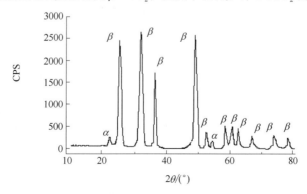

图 5-5　钛基二氧化铅电极涂层 XRD 谱图

如图中所示的在 $2\theta = 22.4350°$，$28.4320°$，$54.2340°$处的衍射谱线。

4. 钌钛涂层电极表面涂层 XRD 分析

金属氧化物涂层钛电极，按照在电化学反应中阳极析出气体来区分，用于阳极上析出氯气的称为析氯阳极，如钌系涂层钛电极；用于阳极上析出氧气的称为析氧阳极，如铱系涂层钛电极。 对于钌系涂层钛电极而言，原来主要用途为析氯阳极，表明该电极用作阳极时，具有较低的析氯电位，同时具有较高的析氧电位，以确保制得的氯气纯度较高。 在电化学介体漂白体系中，不存在 Cl⁻，即不会产生氯气。 这种电极较高的析氧电位正是电化学介体漂白中所需要的特性。 因而，钌系涂层钛电极——RuTi 涂层钛电极具有较好的应用潜力。

自从 1965 年发表《可用贵金属钌的氧化物——氧化钌代替相应的贵金属》后，Beer 于 1967 年取得了 RuO_2 和 TiO_2 混合氧化物涂层的专利。 钌钛电极的发明，大大推动了电化学工业的发展，被称为电化学历史上重大技术突破之一[8]。

对于钌钛涂层的导电机理现在一般从半导体的能带和缺陷机理来解释。 钌钛涂层是 $RuO_2 + TiO_2$ 的固熔体，在 TiO_2 中掺入 Ru，因 Ru 的外层电子构型为 $4d^7 5s^1$，把其中的 4 个电子给予 2 个氧原子后，使氧原子分别完成 8 电子层外，剩下 4 个未参与共有化运动的自由电子，此时涂层的固熔体可用通式表示为 $Ru_\delta Ti_{n-\delta} O_{2n} e_{04\delta}$，式中，$\delta$ 表示 Ru 取代 Ti 的原子个数，n 为 TiO_2 中 Ti 的原子数目。 所以，在 $RuO_2 + TiO_2$ 固熔体中除满带外，尚有含电子的能带（$E_{04\delta}$），在此能带中的电子不像满带中的电子那样受到束缚，只需 0.2eV 能量就能激发到导带上去，从而使 TiO_2 的禁带宽度由原来相当于绝缘体的禁带宽度 3.05eV 变窄到 0.2eV，达到了半导体的能带结构。 固熔体缺氧，使自由电子的数目又增加 1 个。 所以这种固熔体的导电性能十分优良。

根据离子半径理论[9]，同一类元素的离子半径长度相近，是同晶型的，且能较稳定地存在于同一晶格中。 Ru⁴⁺半径值为 6.5nm，Ti⁴⁺的离子半径值为 6.4nm，它们的结合是相当牢固的。 TiO_2 起着钛基体搭桥的作用，涂层煅烧后，有搪瓷的稳定牢固性，粘附在钛基体上。 钛基体酸刻蚀后的表面结构是氢化钛。 氢化钛与涂层中的物质处于相同条件下氧化，涂层中的组分都是离子半径相近的元素，因此，生成相同晶粒的氧化物或固溶体，这种界面的结合力是非常牢固的。

基于上述分析，在制备钌钛涂层钛阳极时，不用对钛基体进行 SnSb 底层的涂敷，可直接将涂液刷涂在经过预处理的钛基体上进行制备。 如图 5-6 所示，所得电极表面涂层经 X 射线衍射分析表明，在钌钛涂层中，RuO_2 和 TiO_2 存在固溶体。 同时涂层中还存在 TiO_2，为锐钛矿型，此外，还存在 RuO_2 物相。

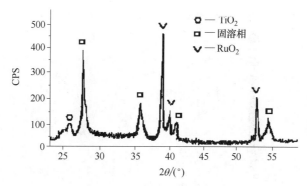

图 5-6 钌钛涂层 XRD 谱图

5. 钛镀铂电极涂层特性

铂作为电极材料具有三个突出特点：①所得电极相当稳定，耐腐蚀，可用于各种介质中。②对于放氧反应，过电位很高。③对于放氢反应，过电位很低。由于上述三个特点，使得铂电极在电化学中具有特殊的地位。为了节省铂，开发了钛镀铂电极。钛镀铂电极充分发挥了基体高强度抗腐蚀的性能，同时也发挥了铂电极的高催化活性的特点。研究表明[10,11]，采用热分解法制备钛镀铂电极时，涂覆 SnSb 底层能够显著改善催化层与基体的结合力以及钛阳极的导电性能。

图 5-7 为钛镀铂电极涂层的 XRD 谱图。可以看出，涂敷在钛基体表面的 $H_2PtCl_6 \cdot 6H_2O$ 经高温热处理后，Pt 主要以晶态形式存在。

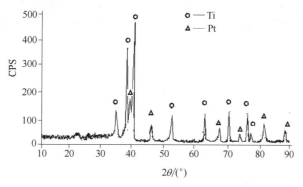

图 5-7 钛镀铂电极表面涂层 XRD 谱图

二、涂层钛电极表面涂层形态结构

图 5-8 至图 5-11 为 SnSb 氧化物涂层的电镜扫描图片。图 5-8 表明，锡锑氧化物涂层较为平整、光滑，形成的氧化物涂层较为致密、均匀（图 5-9），经适当放大后（图 5-10）发现晶粒之间结合较好，虽略有突起等不规则排列，但总体来说晶体的排列次序较为完整，未见裂缝出现，这为后续在该底层上继续涂覆其他氧化物涂层奠定了基础，同时图中显示

的该底层具有相对较大的比表面积，有利于与表面涂层的结合。 经进一步放大，如图 5-11 所示，发现在锡锑氧化物底层上有 SnSb 氧化物的晶体存在。

图 5-8　SnSb 涂层 SEM（100 ×）

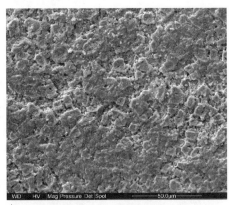

图 5-9　SnSb 涂层 SEM（800 ×）

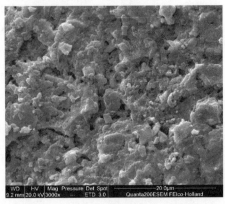

图 5-10　SnSb 涂层 SEM（3000 ×）

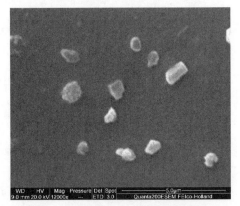

图 5-11　SnSb 涂层 SEM（12000 ×）

图 5-12 至图 5-15 为二氧化锰涂层电镜扫描照片。 由图 5-12 中可看出，二氧化锰涂层与锡锑氧化物涂层相比，表面涂层的致密性较差，平整度也较差，表现为表面涂层不均匀。 图 5-13 进一步证实了该种现象，在涂层的表面有较多的"凹陷"，涂层致密性较差，均整度不高，晶体之间结合程度尚好，未见有裂缝或裂纹出现。 对该涂层中不平整部分进行放大观察，如图 5-14 所示，发现在电极表面涂层上存在较多的类似于"凹坑"状的形貌，且在凹陷部分的内部存在颗粒状晶体，经放大后观察认为是热分解过程中形成的 MnO_2 晶粒（图 5-15）。 总之，二氧化锰电极表面涂层具有较多的凹陷部分，热分解过程中形成了 MnO_2 晶体，且晶体之间结合较好。

图 5-16 至图 5-19 为 PbO_2 表面涂层的扫描电镜照片，该涂层表面平滑、匀整，各个部位的涂层厚度较为一致（图 5-16），这是电化学沉积法制备涂层电极的优势。 图 5-17 表明，二氧化铅涂层的致密性不够高，有较多的小孔存在，同时在部分区域出现了细小的裂纹，

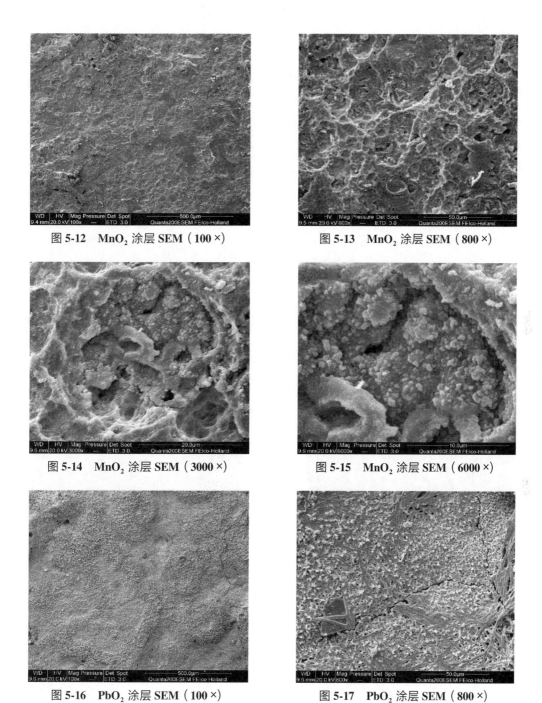

图 5-12　MnO₂ 涂层 SEM（100 ×）

图 5-13　MnO₂ 涂层 SEM（800 ×）

图 5-14　MnO₂ 涂层 SEM（3000 ×）

图 5-15　MnO₂ 涂层 SEM（6000 ×）

图 5-16　PbO₂ 涂层 SEM（100 ×）

图 5-17　PbO₂ 涂层 SEM（800 ×）

这对电极的使用寿命是不利的。经放大后观察发现，PbO_2 表面涂层呈现出"珊瑚状"的形貌，这种形貌的存在有利于增加电极的比表面积，但同时也会使得存在于表面涂层内部的电极基体容易发生氧化，生成具有较高电阻的 TiO_2。这也是目前在制备该类电极时添加 $SnSbO_x$ 底层的原因所在。PbO_2 晶体之间存在一定的空隙（图 5-19），但相互之间结合程度较好。

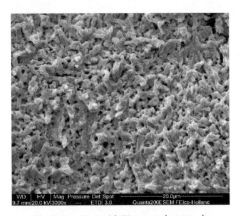

图 5-18　PbO$_2$ 涂层 SEM（3000 ×）

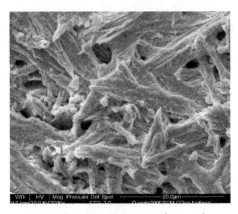

图 5-19　PbO$_2$ 涂层 SEM（6000 ×）

图 5-20 至图 5-22 为钌钛涂层表面电子扫描电镜照片。可看出，钌钛涂层具有较好的平整度和匀整性，表面未见裂纹，晶体之间结合较为紧密，如图 5-21 所示，经放大后发现，在电极涂层的表面存在很多直径近乎相等的"蜂窝状"凹陷，且在每个凹陷区域内存在较多的细小裂纹将该区域分为许多小的区域，如图 5-22 所示。这些细小裂缝的存在或许有利于提高电极的比表面积和催化活性。细小裂纹的存在与张招贤等的研究结果是基本一致的。

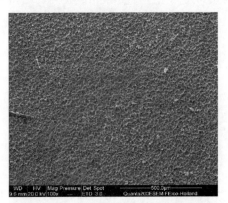

图 5-20　钌钛涂层 SEM（100 ×）

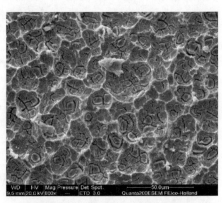

图 5-21　钌钛涂层 SEM（800 ×）

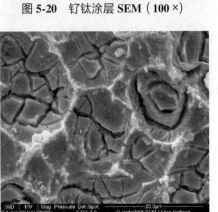

图 5-22　钌钛涂层 SEM（3000 ×）

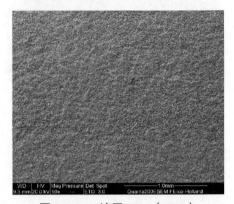

图 5-23　Pt 涂层 SEM（100 ×）

　　图 5-23 至图 5-25 为钛镀铂电极表面涂层的扫描电镜照片。 图 5-23 表明，钛镀铂电极表面光滑，涂层匀整，致密性较高。 经放大后观察发现，表面涂层中存在较多的线状结合或针状结合（图 5-24），未发现细小裂纹和明显的凹陷形貌。 图 5-25 表明，在该涂层的表面存在类似于絮团状物质，未见明显晶体结构。

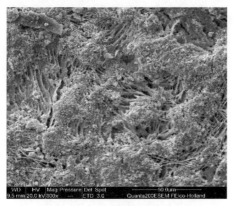

图 5-24　Pt 涂层 SEM（800×）

图 5-25　Pt 涂层 SEM（3000×）

第三节　不同材料电极用于电化学介体脱木素

一、不同电极的阳极电位分析

　　为研究不同材料电极用于电化学介体脱木素的性能，利用三电极体系对各种材料的电极进行了阳极电极电位的测定，其结果如图 5-26 及图 5-27 所示。

　　图 5-26 表明，提高槽电压，各电极的阳极电极电位逐渐升高，但上升趋势有所不同。钛基二氧化铅电极和钛镀铂电极随着槽电压的升高，电极电位基本呈直线上升，这与这两

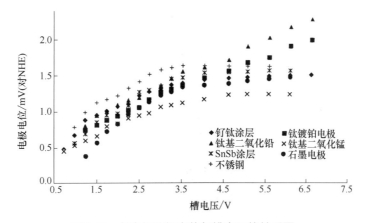

图 5-26　各电极阳极电位与槽电压的关系图

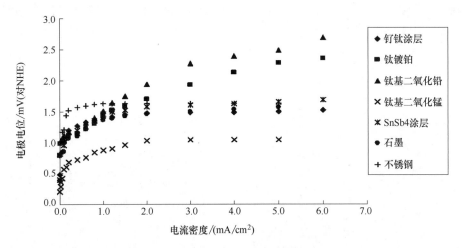

图 5-27　各电极电极电位与电流密度关系图

种材料的电极具有较高的析氧电极电位是相一致的。 钛基二氧化锰电极在所有电极中具有相对较低的电极电位，即使进一步增加槽电压，其阳极电位增加仍旧缓慢。 不锈钢电极在槽电压较小时就具有较高的阳极电位，但当槽电压超过 3.5V 后，电极电位不再增加。 钌钛涂层电极、SnSb 涂层电极和石墨电极具有相似的变化曲线，均表现为随着槽电压的逐渐升高，阳极电位逐渐升高，当槽电压达到一定程度后，电极电位不再增加。

图 5-27 为各电极电流密度与电极电位的关系图。 从图中可看出，在各电极中，钛镀铂电极和钛基二氧化铅电极具有较高的电极电位，且随着电流密度的增加，两者的电极电位成直线关系上升。 其他各种电极均表现为随着电流密度的升高，电极电位先是逐渐升高，当电流密度升至一定程度后，电极电位的增加趋势较为缓慢，其中钛基二氧化锰电极具有相对较低的电极电位，这与图 5-26 中所观察到的现象是一致的。

对于电化学介体脱木素体系而言，不论是酸性条件、中性条件，还是碱性条件下，作为电化学催化阳极，主要是利用阳极一定的电极电位来"氧化"体系中的介体，使之转变为"氧化态"，处于"氧化态"的介体再与木素发生反应，从而达到催化脱木素的作用。 从上述各种电极的电化学性质分析，可知，钛基二氧化铅电极和钛镀铂电极具有较高的阳极电位，钌钛涂层电极、石墨电极和锡锑氧化物涂层电极具有略低的阳极电位，钛基二氧化锰电极具有较低的阳极电位，而不锈钢电极在较低电流密度范围内就具有相对较高的电极电位。

二、不同电极用于化学浆的电化学催化脱木素

在电化学介体脱木素中，为使介体物质转化为氧化态，就必须需要阳极具有一定的电极电位，且该电极电位要高于介体的氧化还原电位。 否则，介体就不能在阳极上发生氧化

还原反应而转变为氧化态。 但值得指出的是，并非具有越高阳极电位的电极越有利于该体系脱木素的效果。 因为，对于电化学反应而言，在电化学反应发生的基础上，电化学催化的效果主要体现在反应的速度上，即电极的电流密度的大小。 电流密度大，电极反应就越快；电流密度小，电极反应就越慢。 如果电极电位较高，但电流密度较小，催化效果也不会太好。 此外，过高的电极电位对于介体本身的结构和氧化还原可逆性也会有一定的影响，甚至能够导致介体在阳极表面的电化学燃烧的发生，从而使得介体失去催化性能，降低催化体系的效能。

不同材料的电极由于本身材料化学性质的不同以及电极表面涂层状况的不同，其催化活性会有很大差异。 有时两种不同材料的电极虽具有基本相同的电极电位和电流密度，但其催化效果可能相差甚远。 各种电极用于电化学介体催化脱木素（E_M）的效果如表 5-1 所示。 工艺条件为：不锈钢为阴极，紫脲酸（VIO）为介体，电压 2.5V，VIO 浓度 2mmol/L，Na_2SO_4 浓度 0.2mol/L，温度 40℃，时间 2h，纸浆浓度 1%。

表 5-1 不同电极电化学介体脱木素效果

电极	E_M 段后卡伯值	木素脱除率/%	E_M 后黏度/(cm^3/g)	黏度损失/%	白度/% ISO
钌钛涂层	13.5	25.4	1023	4.7	30.6
钛基 PbO_2	14.8	18.2	987	8.1	31.2
钛镀铂	14.6	19.3	998	7.1	31.0
SnSb 涂层	14.9	17.7	985	8.3	31.3
钛基 MnO_2	16.4	9.4	1052	2.0	32.1
石墨电极	14.4	20.4	1012	5.8	31.2
不锈钢电极	17.0	6.1	1065	0.8	33.2

注：原浆卡伯值 18.1，黏度 1074cm^3/g，白度 32.9% ISO。

表 5-1 表明，在以紫脲酸为介体的电化学介体脱木素体系中，各电极作为阳极时均具有一定的脱木素效果，表现为经电化学处理后，浆的卡伯值有所降低，而浆的黏度损失较小。 浆的白度，除不锈钢为阳极进行处理的浆外，均有所下降。 在各电极处理结果中，钌钛涂层电极作为阳极能够有效促进木素的脱除，E_M 后浆的卡伯值降至 13.5，木素脱除率达到了 25.4%，同时浆的黏度损失较少，仅为 4.7%，白度由原浆的 32.5% ISO 降至 30.6% ISO，降低了 1.9% ISO。

对于其他电极而言，石墨电极、钛基二氧化铅电极、钛镀铂电极和钛基锡锑涂层电极的处理效果相差不大，脱木素率在 18%～19%，以石墨和钛镀铂电极略好，但上述几种电极对浆的黏度的降低均高于钌钛涂层电极。 钛基二氧化锰电极的电化学脱木素的效果较差，这可能与其具有相对较低的电极电位有关，因为对于紫脲酸而言，其氧化电位为 1.02V（对 NHE），NHE 为标准氢电极而当槽电压为 2.5V 时，二氧化锰电极的电极电位低于 1.0V，如图 5-26 中所示，这表明紫脲酸不能够在二氧化锰阳极上被氧化为自由基，从而脱木素效果较差。 不锈钢电极的脱木素效果为最差，但由图 5-26 和图 5-27 中可看出，不锈钢电极在槽电压或电流密度较低时就具有较高的电极电位，槽电压为 2.5V 时，电极电位远远高于紫脲酸的氧化电位 1.02V，这表明不锈钢电极具有足够的电极电位能够使紫脲酸转变为自由基。 然而，不锈钢作为阳极时的木素脱除率仅为 6.1%，其原因可能是由于不锈钢材料的催化性能差造成的。 这也证明了上述分析中所提到的即使不同材料的电极具有相似的电化学性能，其对某个体系的催化性能可能相差甚远的观点。

在此值得指出的是，在表 5-1 中，浆的白度经电化学处理后均有不同程度的下降，其原因是脱木素过程中自由基与木素发生反应，使木素的结构发生了改变，产生一些发色基团，但有利于其在后续漂白过程中溶出。

总之，通过上述分析可知，各种不同材料的电极对于紫脲酸为介体的电化学介体脱木素体系而言，具有不同的催化效果。 具有中等电极电位的钌钛涂层电极的处理效果最好，在电压 2.5V，VIO 浓度 2mmol/L，Na_2SO_4 浓度 0.2mol/L，温度 40℃，时间 2h 的条件下，木素脱除率达 25.4%，黏度损失仅为 4.7%。 钛镀铂电极、钛基二氧化铅电极、石墨电极和钛基 SnSb 涂层电极效果略次于钌钛涂层电极，钛基二氧化锰和不锈钢电极效果最差，木素脱除率仅分别为 9.4% 和 6.1%。

参 考 文 献

［1］　张招贤.钛电极工学［M］.北京：冶金工业出版社，2003.

［2］　王雅琼，童宏扬，许文林.$SnO_2+Sb_2O_3$ 中间层的制备条件对 $Ti/SnO_2+Sb_2O_3/PbO_2$ 阳极性能的影响［J］.应用化学，2004，21（5）：437-441.

［3］　王雅琼，童宏扬，许文林.热分解法制备的 $Ti/SnO_2+Sb_2O_3/PbO_2$ 电极性质研究［J］.无机材料学报，2003，（05）：75-80.

［4］　张乃东，李宁，彭永臻.电镀烧结法制备 $Ti/SnO_2-Sb_2O_4$ 电极的研究［J］.无机化学学报，2004，18（11）：1173-1176.

［5］　梁镇海，孙彦平.钛基二氧化锰电催化剂的制备及性能研究［J］.燃料化学学报，2001，29（s1）.

［6］　史艳华，孟惠民，孙冬柏.SbO_x+SnO_2 中间层对 Ti/MnO_2 电极性能的影响（英文）［J］.物理化学学报，2007，（10）：75-81.

［7］　张招贤.钛基二氧化铅电极的改进和应用［J］.氯碱工业，1996，（08）：17-23.

［8］　Trasatti S. Electrocatalysis：understanding the success of DSA Ⓡ［J］.Electrochimica Acta，2000，45（15-16）：2377-2385.

［9］　张招贤，张建华，梁永红.离子水生成器用涂层钛电极的研究和应用［J］.广东有色金属学报，2001，（2）：111-114.

［10］　刘婷.钛基复合铂电极的制备和在过硫酸铵生产中的试用［J］.广州化工，2005，33（4）：52-53.

［11］　肖秀峰，陈衍珍.高活性钛镀铂电极［J］.电化学，1996，2（4）：435-438.

第六章　纸浆的电化学介体催化脱木素

目前，电化学介体漂白逐渐得到了各国科研工作者的关注。Kim 等[1]提出了用紫脲酸为介体的体系。Christoph 等[2]也用紫脲酸做介体进行了电化学漂白的研究，并对漂白后的废水进行了分析。Rochefort 等[3]则采用 $K_4Mo(CN)_8$、FeBPY 和 FeDMBPY 等过渡金属为介体进行了电化学漂白研究。Laroch 等[4]采用多金属氧酸盐 $K_5(SiVW_{11}O_{40})$ 为介体对针叶木硫酸盐浆进行了电化学漂白研究，但其在脱木素的同时，浆的黏度有较大程度的降低。

对于介体而言，在漆酶介体体系中能够发挥作用的有机介体，在理论上均应能用于电化学介体脱木素中，但其脱木素效果仍有待于进一步研究。在无机介体方面，多金属氧酸盐（Polyoxometalates，POM）由于其特定结构和组成，兼具一般配合物和金属氧化物的主要结构特征，具有较高的热稳定性和转移电子和质子的能力，并且可以通过组成元素的选择来调控其酸性和氧化还原性，易于制备和再生。因此，逐渐得到了人们的关注。

本章主要介绍基于不同催化介体的电化学介体脱木素技术，包括紫脲酸为介体的电化学脱木素技术、多金属氧酸盐为介体的电化学脱木素技术以及天然小分子丁香醛为介体的电化学脱木素技术，同时，本章还介绍紫脲酸介体电化学脱木素和多金属氧酸盐介体电化学脱木素的原理。

第一节　电化学介体脱木素体系中催化介体的选择

一、电化学介体脱木素体系中催化介体的选择依据

对于纸浆悬浮液而言，由于纤维在水中的不溶性使得其体系是一个非均相体系，在这种情况下，利用电极的"氧化"作用直接氧化浆料纤维中的木素是不可能的，只能通过由电极产生的具有氧化性的中介物质来与木素发生间接反应，达到脱木素的效果，这种方法称之为纸浆的电化学漂白或电化学脱木素。这种间接电解反应分为可逆过程和不可逆过程。电化学介体脱木素机理简图见图 2-14。

对于属于可逆过程的电化学介体脱木素，其催化介体的选择至关重要，介体性质的好

坏直接影响到电化学脱木素的效果。 电化学介体脱木素是在水溶液中进行的，这就需要所选介体要有很好的水溶性，生成的"氧化态"物质应具有一定的寿命，从而有时间与纤维中的木素接触和反应，此外，由于木素结构中不同芳香结构单元的氧化还原电势在 0.45 ～ 0.69V，因此，所生"氧化态"物质的氧化还原电势要高于木素的氧化还原电势。 作为循环催化介体，还需具有较好的结构稳定性和氧化还原可逆性，从而能够达到循环使用的目的。 同时考虑到环境保护的需要，所选介体的反应产物应具有无毒性和生物可降解性。介体还应具有相对较小的分子量和分子尺寸，从而易于进入到纤维内部与木素发生接触并反应。

　　总之，对于电化学介体脱木素的催化介体，应具有较好的水溶性、结构稳定性和氧化还原可逆性，其氧化态应具有较长的寿命和一定的氧化还原电势，同时还应具备无毒性，分子尺寸不宜过大等特点。

二、不同催化介体的电化学性能

　　电化学介体脱木素中介体的选择是至关重要的。 由于该体系是在漆酶介体体系的基础上逐渐发展起来的，因而在理论上，能够作为漆酶漂白的介体在该体系中均应有一定的效果。 在介体的选择上，除多种多金属氧酸盐配合物（POM）配合物之外，有机介体中的ABTS［2，2′-联氨-二（3-乙基-苯并噻唑-6-磺酸）］，HBT（1-羟基苯并三唑）和 VIO（紫脲酸）均具备用作电化学介体脱木素的催化介体的特性[5, 6]。 上述有机介体均为含有＝N—OH 结构的物质，其在反应中能够形成＝N—O·，这种自由基具有较好氧化木素的能力。线性扫描循环伏安法是研究各种介体的电化学反应性能的有效方法，是将加在工作电极上的电压，从原始电位（E_0）线扫描到一定数值（E_i）后，再将扫描反向进行到原始电位的方法。 对于一般的可逆反应而言，正向扫描出现峰的电位（E_{pa}）应当与逆扫描出峰的电位（E_{pc}）基本一致。 图 6-1 为可逆反应的电流-电位曲线图。 如果电极表面上的电子转移过程的速率很快，电极表面上氧化态和还原态试样浓度的比率服从能斯特方程：

$$E = E^\circ + \frac{RT}{nF} \ln \frac{c_O(0, t)}{c_R(0, t)} \qquad (6-1)$$

　　则该反应为可逆反应，其峰电位之差符合下述性质：

$$I_{pc} = I_{pa} \qquad (6-2)$$

$$\Delta E_p = |E_{pa} - E_{pc}| = \frac{2.3RT}{nF} = \frac{59}{n} \ (mV) \qquad (6-3)$$

式中　n——转移的电子个数

　　对于可逆反应，电荷迁移速度非常快，物质的传输控制着电极反应。 不可逆或者准可逆表示电荷迁移速度慢，电极表面上电化学反应活性物质浓度较低，甚至不发生反应。

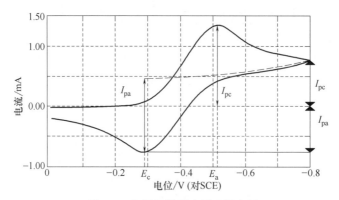

图 6-1　电极可逆反应循环伏安图

表 6-1　各种介体循环伏安数据

介体	E_{pa}/mV	E_{pc}/mV	ΔE_p/mV	I_{pa}/μV	I_{pc}/μV	I_{pa}/I_{pc}
$BW_{11}Mn$	883	731	152	0.558	0.555	0.993
$PW_{11}Mn$	926	742	184	9.525	4.257	2.237
$SiW_{11}Mn$	906	736	170	—	—	—
$SiW_{11}Fe$	892	735	157	—	—	—
$SiW_{11}Co$	978	850	128	6.934	7.626	0.910
PMo_7V_5	893	—	—	—	—	—
HBT	882	334	548	100.9	25.9	3.896
VIO	758	602	156	101.9	98.4	1.035

　　利用循环伏安法对不同介体分别进行了循环伏安曲线测定,如图 6-2 至图 6-9,各氧化还原峰数据列于表 6-1 中。

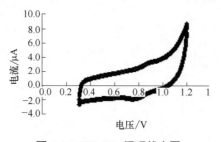

图 6-2　$BW_{11}Mn$ 循环伏安图

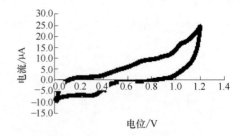

图 6-3　$SiW_{11}Mn$ 循环伏安图

　　图 6-3 至图 6-10 表明,对于无机介体而言,各配合物均有氧化峰和还原峰出现,但从峰形上看,基本不具备可逆反应的特征。表 6-1 中数据也表明,各配合物的 ΔE_p 均远远超出了 59mV,同时 $I_{pc} \neq I_{pa}$ 也表明各配合物的反应可逆性较差。在各配合物中,PMo_7V_5 和

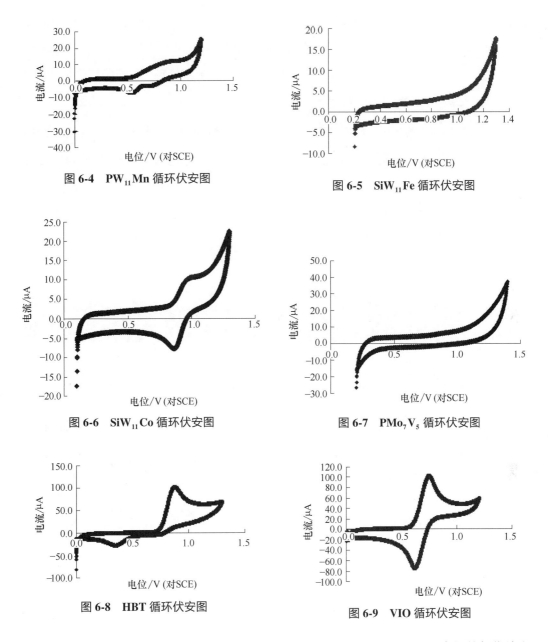

图 6-4 $PW_{11}Mn$ 循环伏安图

图 6-5 $SiW_{11}Fe$ 循环伏安图

图 6-6 $SiW_{11}Co$ 循环伏安图

图 6-7 PMo_7V_5 循环伏安图

图 6-8   HBT 循环伏安图

图 6-9   VIO 循环伏安图

$SiW_{11}Fe$ 仅出现了微弱的氧化峰，基本观察不到还原峰的存在。 $SiW_{11}Co$ 配合物的氧化峰和还原峰较为明显，其他无机配合物出现的氧化峰和还原峰较弱。 但就各配合物的氧化电势和还原电势而言，均超出了木素不同芳香结构的氧化还原电势，具有氧化木素的能力。

对于有机介体 HBT 而言，其循环伏安图存在一个较大的氧化峰（882mV 对 SCE）和一个较小的还原峰（334mV 对 SCE），这表明 HBT 生成的自由基不稳定，易于转变为无活性的物质，从而使得还原峰较小。 对于 VIO 的循环伏安图来看，其具有较好的氧化峰和还原峰，分别出现在 758mV 和 602mV（相对于 SCE），且 I_{pc} 与 I_{pa} 的值相差较小，这表明其具有一定的反应可逆性。 对于 ABTS 而言，Paice 等人的研究表明，其存在两个氧化还原对，即 ABTS/ABTS$^+$（氧化还原电势为 472mV 对 Ag/AgCl）和 ABTS$^+$/ABTS^{2+}（氧化还原电势 885mV 对 Ag/AgCl），在反应体系中，ABTS 和 ABTS^{2+} 是稳定的，其进行电子的转移是可逆的。

三、不同介体用于纸浆电化学介体脱木素的效果

以钌钛涂层电极为阳极，以不锈钢电极为阴极，各种有机物或无机物为介体，Na_2SO_4 为支持电解质，在无隔膜电解槽中对三倍体毛白杨硫酸盐浆进行电化学介体脱木素。 研究表明，不同的催化介体在用于电化学介体脱木素时，均有一定的催化脱木素能力，表现为经处理后浆料卡伯值均有所降低，同时浆的黏度也有所下降，如表 6-2 所示。 这说明上述介体在进行电化学脱木素过程中，在脱木素的同时也与纤维素发生反应，使浆的黏度有所下降。

表 6-2   各种介体用于电化学脱木素效果比较

介体	E_M 后卡伯值	木素脱除率 /%	E_M 后黏度 /（cm^3/g）	黏度降低率 /%	脱木素选择性	E_M 后白度/% ISO
$BW_{11}Mn$	12.9	28.7	995	7.4	6.60	37.5
$PW_{11}Mn$	11.9	34.2	1022	4.8	11.9	31.0
$SiW_{11}Mn$	11.6	35.9	1047	2.5	24.1	31.5
$SiW_{11}Fe$	13.5	25.4	1033	3.8	11.2	33.0
$SiW_{11}Co$	12.0	33.7	1017	5.3	10.7	32.1
PMo_7V_5	10.5	42.0	953	11.3	6.3	34.2
$PMo_{10}V_2$	11.5	36.5	965	10.1	6.0	32.3
HBT	15.0	17.1	1024	4.6	6.2	33.0
VIO	10.6	41.4	1012	5.8	12.1	30.1
ABTS	14.8	18.2	1035	3.6	8.5	31.2

注：原浆卡伯值 18.1；黏度 1074cm^3/g；白度 32.9% ISO。 其他工艺条件：电压 2.5V；温度 60℃；时间 4h；浆浓 1%；介体浓度 2mmol/L。

在选择的各种杂多金属配合物中，以 PMo_7V_5 的脱木素效果最好，经 E_M 处理后卡伯值降至 10.5，木素脱除率达 42.0%。 但从前面的循环伏安图中可以看出，PMo_7V_5 配合物并没有出现明显的氧化峰和还原峰，但作为介体处理纸浆的效果却较好，其原因有待于进一步研究。 其他配合物中，$SiW_{11}Mn$ 也具有较好地处理效果且具有较高的脱木素选择性。 $BW_{11}Mn$ 和 $SiW_{11}Fe$ 由于具有相对较低的氧化还原电位，脱木素效果较差，木素脱除率低于 30%。

在有机介体中，以 VIO 的处理效果最好，浆料卡伯值降至 10.6，木素脱除率达到

41.4%，同时其木素脱除选择性较高，达到 12.1。 其较高的脱木素能力，与在循环伏安中表现出的良好的反应可逆性是相一致的。 HBT 和 ABTS 的处理效果均较差，木素脱除率均小于 20%。 HBT 较差的木素脱除率是由于其具有较低的反应可逆性和较差的水溶性所致。ABTS 虽然具有较好的反应可逆性，但在试验中发现，ABTS 在电极表面的附着性很强，大部分 ABTS 附着在电极的表面，并不能与纤维充分接触，同时由于电极表面被一层 ABTS 覆盖，阻碍了电极反应的发生，从而使得脱木素效果变差。

纸浆经电化学介体处理后，除少数浆料白度略有上升外，大部分浆料白度均出现下降。 这是因为浆中木素结构发生变化而引起的。 白度降低的浆料经后续碱处理后，能更大程度地去除浆中木素，提高浆的白度。

第二节　VIO（紫脲酸）为介体的纸浆电化学催化脱木素工艺

一、VIO 为介体的纸浆电化学催化脱木素工艺

1. 不同条件下 VIO 电化学介体脱木素效果

不同条件下的 VIO 介体电化学催化脱木素时，VIO 在电解液中的浓度均为 2mmol/L，Na_2SO_4 浓度为 0.2mol/L，通电流条件下，直流电源电压调节为 2.5V，E_M 处理后纸浆进行了碱抽提。 不同条件下电化学脱木素效果见表 6-3 及图 6-10。

表 6-3　不同条件下 VIO 电化学介体脱木素效果比较

处理方法	原浆	电流	VIO	Na_2SO_4	VIO+Na_2SO_4	Na_2SO_4+电流	VIO+电流	VIO+电流+Na_2SO_4
E_M 段后卡伯值	17.4	17.1	16.8	16.5	16.5	16.8	15.5	12.0
E_M 段后卡伯值	15.2	15.3	14.9	14.6	14.6	14.7	12.6	8.2
$E_M E$ 段后木素脱除率/%	12.6	12.1	14.4	16.1	16.1	15.5	27.6	52.9
E_M 段后黏度/(cm^3/g)	1144	1117	1136	1130	1100	1127	1098	1045

注：E_M 段其他工艺条件为：pH 为 4.5，温度 50℃，时间 5h。

表 6-3 表明，仅对溶液通以电流，而不使用支持电解质和介体 VIO，即仅依靠阳极的氧化作用不能达到脱除木素的目的。 表现为处理后浆料卡伯值为 17.1，与原浆相比基本没有变化。 在不施加电压的情况下，分别用 VIO、Na_2SO_4 以及 VIO+Na_2SO_4 对浆料进行处理，均不能明显降低浆料的卡伯值，这说明在没有电流的情况下，上述各药品均不能有效脱除木素。 对于 Na_2SO_4 而言，即使在通入电流的情况仍没有脱木素作用，表现为处理后浆料卡伯值为 16.8，与原浆相比基本没有变化。 对于 VIO 而言，通入一定的电流，能有效脱除木素，处理后浆料卡伯值降至 15.5，与不通电流时卡伯值相比降低了 1.3，与原浆相比降低

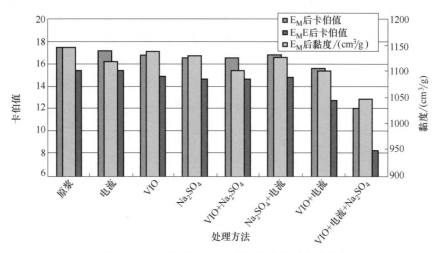

图 6-10　不同条件下 VIO 电化学介体脱木素效果

了 1.9，经碱抽提后木素脱除率达到 27.6%。在此基础上，在电解液中加入支持电解质 Na_2SO_4 后，其脱木素效果进一步增强，卡伯值降至 12.0，经碱抽提后木素脱除率达到了 52.9%。这是支持电解质的加入，增大了阴阳极间的交换电流密度，从而使 VIO 转变为 VIO· 的速度加快的缘故。此外，表 6-3 表明，与其他处理方法相比，VIO+电流+Na_2SO_4 处理后浆料在碱抽提过程中，卡伯值有较大程度的下降，这说明 VIO· 在与木素发生反应的过程中，不仅使部分木素发生降解而溶出，同时也使部分木素的结构发生了变化，从而在碱抽提过程中得以溶出。对黏度而言，在 VIO+电流+Na_2SO_4 实验中虽有所下降，但其下降幅度较小，仅为原浆的 8.6%。其他条件下，黏度基本没有变化。

VIO 为介体的电化学方法能够有效脱除纸浆中的残余木素。E_M 段后的 E 段处理能进一步去除浆中的残余木素。VIO 为介体的 E_M 处理对浆的黏度影响不大，其黏度损失仅为原浆的 8.6%。

2. VIO 浓度对电化学介体脱木素效果的影响

VIO 浓度的大小直接影响电化学脱木素系统中 VIO 的浓度，从而影响 VIO 的转换效率，进而影响电化学介体脱木素的效果。不同 VIO 浓度下电化学介体催化脱木素的效果如表 6-4 所示。

增加 VIO 浓度，E_M 及 E_ME 处理后浆的卡伯值逐渐减小，木素脱除率逐渐增大。浓度高于 1.2mmol/L 时，E_ME 处理后木素脱除率达到 50% 以上，但当浓度高于 1.8mmol/L 后，其木素脱除效果有所减缓，浓度高于 3.0mmol/L 后，E_M 及 E_ME 处理后浆的卡伯值不再降低。对黏度而言，随 VIO 浓度的增大，E_M 及 E_ME 处理后浆的黏度逐渐下降，但损失较小。随 VIO 浓度的增加，浆的白度逐渐增大，尤其是经 E 段处理后，白度有较大幅度的提高。E_M 后采用 E 段处理，能有效促进木素的溶出。当用量高于 1.8mmol/L 时，E_ME 后白度均高于 50.0% ISO。

表 6-4　VIO 浓度对电化学介体漂白效果的影响

VIO 浓度/（mmol/L）	0	0.3	0.6	1.2	1.8	2.4	3.0	4.8
E_M 段后卡伯值	16.3	14.9	13.7	12.4	12.0	11.7	11.2	11.2
E_ME 段后卡伯值	14.7	13.3	12.2	8.6	8.0	7.8	6.3	6.4
E_M 段后木素脱除率/%	6.3	14.4	21.3	28.7	31.0	32.8	35.6	35.6
E_ME 段后木素脱除率/%	15.5	23.6	29.9	50.6	54.0	55.2	63.8	63.2
E_M 段后黏度/（cm³/g）	1112	1093	1063	1052	1041	1033	1021	944
E_ME 段后黏度/（cm³/g）	1123	1084	1073	1048	1044	1040	1018	978
E_M 段后白度/% ISO	38.8	35.5	36.3	37.0	37.1	38.3	39.9	40.3
E_ME 段后白度/% ISO	41.3	42.5	42.6	47.4	50.2	51.6	53.6	54.7

注：E_M 段其他工艺条件为：电压 2.5V，Na₂SO₄ 浓度 0.2mol/L，pH 为 4.5，温度 50℃，时间 5h。

3. 时间对电化学介体脱木素效果的影响

不同处理时间下电化学介体脱木素如表 6-5 所示。延长脱木素时间，浆的卡伯值下降，木素脱除率上升。时间超过 5h 后，继续延长处理时间，E_M 及 E_ME 后浆的卡伯值不再下降，木素脱除率基本维持在 53% 左右，过度延长时间不能达到进一步脱除木素的效果。处理时间为 5h 时，E_M 及 E_ME 后卡伯值分别为 11.8 和 8.1，脱除率为 32.2% 和 53.4%。浆的黏度随时间的延长，没有明显变化，均为 1050cm³/g 左右，与原浆相比，其黏度损失为 8% 左右。处理后浆料白度随时间的增加逐渐升高，处理时间为 5h 时，白度较高，达到 50.2% ISO。

表 6-5　处理时间对电化学介体漂白效果的影响

时间/h	0	1	2	3	4	5	6	8	10
E_M 段后卡伯值	17.4	15.3	14.1	13.0	12.7	11.8	12.0	11.9	11.7
E_ME 段后卡伯值	15.5	13.2	10.8	9.8	9.5	8.1	8.3	8.2	8.1
E_M 段后木素脱除率/%	—	12.1	19.0	25.3	27.0	32.2	31.0	31.6	32.8
E_M 段后木素脱除率/%	10.9	24.1	37.9	43.7	45.4	53.4	52.3	52.9	53.4
E_M 段后黏度/（cm³/g）	1144	1058	1043	1016	1036	1041	1031	1059	1017
E_ME 段后黏度/（cm³/g）	—	1057	1035	1072	1047	1050	1054	1034	1021
E_M 段后白度/% ISO	39.2	32.6	33.0	34.0	35.0	37.1	37.1	37.5	38.2
E_ME 段后白度/% ISO	—	39.8	43.1	45.6	46.7	50.2	48.4	49.2	51.3

注：E_M 段其他工艺条件为：电压 2.5V，Na₂SO₄ 浓度 0.2mol/L，pH 为 4.5，温度 50℃，VIO 浓度 1.8mmol/L。

4. 电压对电化学介体脱木素效果的影响

电压的高低，决定着阳极电极电位的大小。只有当阳极的电极电位高于介体的氧化电势时，介体才能在阳极上被氧化生成自由基，但电位过高又会引起阳极的析氧反应的发生，从而降低电流效率，同时也会发生介体的氧化降解。

提高阴阳极间的电压，处理后浆的卡伯值先下降后上升，同样木素脱除率先升高后下降，如表6-6所示。电压为2.5V时，卡伯值最低，木素脱除率最高。E_ME段后分别为8.2和52.9%。随电压的逐渐增加，阳极的电极电位逐渐增大，有效促进了VIO·的生长速度。当电压继续增加，阳极的电极电位高于其析氧电位时，阳极上会发生析氧反应，使阳极表面被一层"气帘"覆盖，阻碍VIO在阳极上被氧化，降低电流效率，从而处理效果下降。此外，过高的电极电位会使部分VIO氧化降解，使得有效VIO量降低。不同电压对浆的黏度影响不大，白度表现为先逐渐上升，当电压超过2.5V时，趋于平稳。一般认为，电压为2.5V时，效果最好。同时，由于电压很低，反应过程中电流密度很小，只有1.67A/m²左右，电化学漂白的耗电量很小。

表6-6　不同电压下电化学介体漂白效果

电压/V	1.5	2.0	2.5	3.0	3.5	4.0	5.0
E_M段后卡伯值	15.1	14.7	12.0	12.0	12.5	13.0	13.2
E_ME段后卡伯值	10.8	9.7	8.2	8.8	9.0	9.2	9.5
E_M段后木素脱除率/%	13.2	15.5	31.0	31.0	28.2	25.3	24.1
E_ME段后木素脱除率/%	37.9	44.3	52.9	49.4	48.3	47.1	45.4
E_M段后黏度/(cm³/g)	1055	1062	1057	1048	1074	1051	1043
E_ME段后黏度/(cm³/g)	1042	1051	1043	1045	1056	1047	1052
E_M段后白度/% ISO	36	33.1	37.0	36.8	37.1	37.8	37.4
E_ME段后白度/% ISO	42.8	40.6	50.2	50.4	50.3	49.9	50.1

注：E_M段其他工艺条件为：时间5h，Na_2SO_4浓度0.2mol/L，pH为4.5，温度50℃，VIO浓度1.8mmol/L。

5. 溶液pH对电化学介体脱木素效果的影响

提高电解质溶液的pH，E_M及E_ME后浆料卡伯值逐渐下降，当超过4.5时，卡伯值又逐渐上升，见表6-7所示。相应的木素脱除率先升高后下降。pH为4.5时，具有最好的处理效果，E_ME段后卡伯值和木素脱除率分别为8.8和49.4%。pH对浆料黏度基本没有影响。E_M及E_ME段后浆白度随pH的增加，表现为先升高后下降，pH为4.5时，具有最高的白度。

6. 温度对电化学介体脱木素效果的影响

不同温度下电化学介体脱木素效果如表6-8所示，处理温度为50℃时，具有最好的处理效果，E_M及E_ME段后卡伯值分别为12.3和8.4，木素脱除率分别为29.3%和51.7%，处理后浆的白度最高，分别为 37.2% ISO 和 50.3% ISO，降低或升高温度均不利于木素的脱除。温度低于 70℃时，升高温度黏度略有降低，温度升高至 90℃时，黏度明显下降，是因为高温下纤维素发生酸性水解的结果。

表 6-7　不同 pH 下电化学介体漂白效果

pH	3.0	3.5	4.0	4.5	5.0	6.0	8.0	10.0	12.0
E_M 段后卡伯值	12.5	12.2	12.0	11.8	11.9	12.2	12.9	13.3	13.9
$E_M E$ 段后卡伯值	9.8	9.4	9.1	8.8	9.0	9.3	9.8	10.5	12.3
E_M 段后木素脱除率/%	28.2	29.9	31.0	32.2	31.6	29.9	25.9	23.6	20.1
E_M 段后木素脱除率/%	43.7	46.0	47.7	49.4	48.3	46.6	43.7	39.7	29.3
E_M 段后黏度/(cm^3/g)	1032	1024	1036	1042	1053	1039	1066	1054	1061
$E_M E$ 段后黏度/(cm^3/g)	1030	1026	1042	1035	1043	1047	1051	1047	1054
E_M 段后白度/% ISO	36.5	36.9	36.8	36.8	36.8	36.5	35.8	34.1	32.0
$E_M E$ 段后白度/% ISO	47.9	48.6	49.3	50.1	50.0	49.6	48.9	48.2	42.1

注：E_M 段其他工艺条件为：时间 5h，Na_2SO_4 浓度 0.2mol/L，温度 50℃，VIO 浓度 1.8mmol/L，电压 2.5V。

表 6-8　不同温度下电化学介体漂白效果

温度/℃	30	40	50	60	70	90
E_M 段后卡伯值	13.5	12.8	12.3	12.6	12.9	13.8
$E_M E$ 段后卡伯值	9.2	8.9	8.4	9.3	10.4	11.3
E_M 段后木素脱除率/%	22.4	26.4	29.3	27.6	25.9	20.7
E_M 段后木素脱除率/%	47.1	48.9	51.7	46.6	40.2	35.1
E_M 段后黏度/(cm^3/g)	1084	1078	1065	1054	1042	996
$E_M E$ 段后黏度/(cm^3/g)	1078	1058	1057	1055	1053	1004
E_M 段后白度/% ISO	36.5	36.8	37.2	35.1	34.0	35.2
$E_M E$ 段后白度/% ISO	48.7	49.2	50.3	49.8	48.5	47.3

注：E_M 段其他条件为：时间 5h，Na_2SO_4 浓度 0.2mol/L，pH4.5，VIO 浓度 1.8mmol/L，电压 2.5V。

7. 支持电解质浓度对电化学介体脱木素效果的影响

支持电解质的浓度大小，直接影响电极的交换电流密度。交换电流密度越大，其电极反应就越快。但过高的支持电解质浓度引起的较高电流密度会增加能量的消耗，同时降低电流效率。

支持电解质的加入能有效促进木素脱除，如表 6-9 所示，当 Na_2SO_4 浓度为 0.05mol/L 时，其 $E_M E$ 处理后木素脱除率由未加电解质的 17.8% 升高到 55.2%，白度由 45.1% ISO 升高到 48.4% ISO。进一步增加支持电解质的浓度，处理后卡伯值略有上升，但不明显。当浓度超过 0.2mol/L 时，其卡伯值明显上升。 但过多的支持电解质的使用，并不能达到促进木素脱除的效果，反而不利于反应的进行，同时还增加了能量消耗。

表 6-9 支持电解质浓度对漂白效果的影响

Na_2SO_4 浓度/（mol/L）	0.00	0.05	0.10	0.20	0.30
E_M 段后卡伯值	15.5	11.7	12.0	12.0	13.0
$E_M E$ 段后卡伯值	14.3	7.8	8.0	8.1	9.2
E_M 段后木素脱除率/%	10.9	32.8	31.0	31.0	25.3
$E_M E$ 段后木素脱除率/%	17.8	55.2	54.0	53.4	47.1
E_M 段后黏度/（cm^3/g）	1014	1059	1065	1073	1084
$E_M E$ 段后黏度/（cm^3/g）	1017	1032	1074	1081	1076
E_M 段后白度/% ISO	37.8	37.4	37.4	37.5	37.1
$E_M E$ 段后白度/% ISO	45.1	51.2	50.8	49.3	48.8

注：E_M 段其他工艺条件为：时间 5 h，pH4.5，温度 50℃，VIO 浓度 1.8mmol/L，电压 2.5V。

VIO 作为电化学介体脱木素的催化介体，具有足够的氧化电势和较高的氧化还原可逆性，在电流作用下，能够有效脱除纸浆中的残余木素。 支持电解质 Na_2SO_4 的加入，能够进一步促进残余木素的脱除程度，同时浆的黏度损失较小。 VIO 作为介体的电化学介体脱木素在浓度 1.8mmol/L，电压 2.5V，时间 5h，pH4.5，温度 50℃，Na_2SO_4 浓度 0.05mol/L 的工艺条件下，纸浆卡伯值由 17.4 降至 11.7，木素脱除率为 32.8%，黏度由 1144cm^3/g 降至 1059cm^3/g。 经后续碱处理后，卡伯值降至 7.8，木素脱除率达 55.2%，而浆的黏度变化不大。

二、不同卡伯值杨木 KP 浆的电化学 VIO 介体催化脱木素

VIO 为介体的电化学介体脱木素对不同卡伯值杨木浆均具有一定的脱木素能力，见表 6-10。 经电化学处理后，不同硬度的纸浆的卡伯值均有所降低，木素脱除率除氧脱木素浆外均高于 30%。 在电化学处理后进行 E 段处理能够进一步促进木素的脱除，降低纸浆的卡伯值。 浆料经 $E_M E$ 段处理后，木素脱除率均有所升高，除氧脱木素浆外均高于 44%。 对于具有较低卡伯值的浆，经 E_M 处理后，再进行 E 处理，其卡伯值下降幅度较小。 因此，对于具有较低卡伯值的浆，可考虑不用进行后续 E 处理。

经电化学处理后，浆的黏度均有不同程度的下降，说明在脱木素的同时纤维素也有所降解，黏度下降率最高达 18.0%，以氧脱木素浆黏度下降最少，其黏度降低率仅为 5% ~ 6%。 浆料经后续碱处理后，各种浆的黏度均又有所升高，是由于在碱处理过程中部分半纤维素溶出的结果。 从三种不同浆料经 E 处理后黏度的上升幅度来看，常规 KP 浆的黏度增加大于 EMCC KP 浆和氧脱木素浆。

表 6-10　不同卡伯值杨木浆 VIO 为介体的电化学脱木素结果

浆料	常规 KP 浆			EMCC KP 浆		氧脱木素浆	
卡伯值	15.2	19.4	24.6	12.8	17.4	8.2	10.0
E_M 段后卡伯值	9.6	13.3	14.3	8.4	11.9	6.6	7.1
E_M 段后木素脱除率/%	36.8	31.4	41.9	34.4	31.6	19.5	29.0
$E_M E$ 段后卡伯值	7.5	10.2	11.0	7.0	8.0	5.5	5.8
$E_M E$ 段后木素脱除率/%	50.6	47.4	55.3	45.3	54.0	32.9	42.0
原浆黏度/(cm^3/g)	1073	1137	1155	1076	1144	856	903
E_M 段后黏度/(cm^3/g)	890	962	1024	947	1041	808	843
E_M 段后黏度降低率/%	17.0	18.0	11.3	12.0	9.0	5.6	6.6
$E_M E$ 段后黏度/(cm^3/g)	950	1035	1063	957	1050	821	852
E_M 段木素脱除选择性	3.1	3.5	7.9	3.4	5.8	3.3	4.8
$E_M E$ 段木素脱除选择性	6.3	9.0	14.8	4.9	10.0	7.7	8.2
原浆白度/% ISO	38.7	36.2	36.7	42.9	39.2	54.5	53.6
E_M 段后白度/% ISO	43.4	35.3	33.1	45.6	37.1	60.3	59.3
$E_M E$ 段后白度/% ISO	51.0	44.3	42.2	52.4	50.2	66.8	65.5

　　经 E_M 处理后各种卡伯值浆的白度变化不尽相同，有的有所上升，而有的又有所下降，研究发现，对于高卡伯值浆料而言，处理后其白度下降，而对于卡伯值较低的浆而言，处理后白度升高。浆料经后续 E 处理后白度均有较大程度的升高，但对于氧脱木素浆而言，其白度增值较小。

　　随未处理浆卡伯值的升高，其脱木素选择性逐渐增大。同样，经后续碱处理后，$E_M E$ 脱木素选择性也表现为随未处理浆的卡伯值的升高而逐渐增加。

　　从常规 KP 浆、EMCC 浆和氧脱木素浆的电化学介体脱木素来看，氧脱木素浆具有较低的木素脱除率，后续碱处理虽能促进其木素的进一步脱除，但效果不明显。这表明经氧脱木素后的浆料不必再进行电化学介体脱木素处理，也从侧面说明电化学介体脱木素在纸浆的多段漂白过程中，不宜与氧脱木素段联合使用。此外，电化学介体脱木素对于过低卡伯值浆料的处理效果较差，因此在多段漂白中应考虑将 E_M 段放在多段漂序的前部较为适宜。

　　VIO 为介体的电化学脱木素对于不同卡伯值的杨木 KP 浆均具有一定的脱木素能力，后续碱处理能有效促进木素的进一步脱除。原浆卡伯值越高，脱木素选择性越好。原浆卡伯值过低，其木素脱除能力较低。VIO 为介体的电化学脱木素不宜与氧脱木素联用，在多段漂白中应考虑将其用于漂白的首段。对于具有较低初始卡伯值的浆可考虑不使用后续 E 处理。

三、不同纤维原料化学浆的电化学 VIO 介体催化脱木素

VIO 为介体的电化学脱木素体系对于不同纤维原料的化学浆，均具有一定的脱木素能力，如表 6-11 所示。 各种纤维原料的化学浆经电化学介体脱木素处理后，卡伯值明显降低，木素脱除率除 3# 竹浆外均超过 30%。 浆的黏度在不同程度上有所下降，不同纤维原料其黏度降低率有所不同，但均低于 10%，表明电化学介体脱木素对浆黏度造成的损失较小。

表 6-11 不同浆料 VIO 为介体的电化学脱木素效果

浆料	尾叶桉 1#	尾叶桉 2#	竹浆 1#	竹浆 2#	竹浆 3#	玉米秆浆 1#	玉米秆浆 2#	麦草浆	芦苇浆	蔗渣浆
原浆卡伯值	10.8	17.9	12.4	15.0	19.4	13.9	24.5	15.3	9.0	10.0
E_M 段后卡伯值	5.7	11.1	8.0	9.7	14.8	8.2	16.2	10.0	4.9	6.3
E_M 段后木素脱除率/%	47.2	38.0	33.3	35.3	23.7	41.0	33.9	34.6	45.6	37.0
原浆黏度/(cm^3/g)	606	1055	859	1029	1239	1275	1370	1021	1156	987
E_M 段后黏度/(cm^3/g)	567	952	821	957	1218	1185	1268	953	1124	972
E_M 段后黏度降低率/%	6.40	9.76	4.42	7.00	1.69	7.06	7.42	6.66	2.77	1.50
E_M 段木素脱除选择性	13.1	6.60	11.6	7.36	21.9	6.40	8.14	7.79	12.8	24.7
原浆白度/% ISO	29.9	25.9	39.8	38.6	26.8	33.2	26.0	34.0	39.9	43.8
E_M 段后白度/% ISO	40.3	34.1	38.2	36.2	22.3	33.6	24.1	37.5	42.8	44.6

从尾叶桉浆、竹浆和玉米秆化学浆的电化学介体脱木素效果来看，当浆料卡伯值较高时，其木素的脱除率有所下降。 对非木材纤维原料而言，当蒸煮所得浆具有较低卡伯值时，如芦苇浆为 9.0，蔗渣浆为 10.0，电化学介体漂白的木素脱除率较高，分别达到 45.6% 和 37.0%，而浆的黏度损失却很小，仅分别为 2.77% 和 1.50%。

各种浆经电化学介体脱木素处理后，白度有的升高，而有的下降。 三个不同卡伯值的竹浆经处理后，其白度均较处理前有所下降，而尾叶桉浆、麦草浆、芦苇浆和蔗渣浆则均有所升高。 对于玉米秆浆而言，高卡伯值浆处理后白度有所下降，而低卡伯值浆则有所升高。

VIO 为介体的电化学介体脱木素工艺对于各种纤维原料浆均具有较好的适应性。 能够较好地去除浆中残余木素，其木素脱除率基本达到 30% 以上，同时浆的黏度损失较小，在 10% 以内。

四、纸浆的高浓电化学介体催化脱木素工艺

在前面章节介绍的电化学介体催化脱木素体系中，为使介体与电极能够充分发生接触，采用了 1% 的纸浆浓度。 虽然纸浆浓度较低时具有较好的脱木素效果，但不利于工业

化生产操作，同时较低的纸浆浓度使得纸浆脱木素时的用水量较大，最终产生的废液较多，给后续的废液处理带来难度。 因而，寻求较高浓度的电化学介体脱木素工艺是有效促进该工艺工业化应用的途径之一。 根据电化学介体脱木素的工艺特点，研究者设计制备了如图 6-11 所示的高浓电化学介体脱木素装置，并就该装置的电化学介体脱木素效果进行了探讨。

如图 6-11 所示，与低浓电化学介体脱木素装置所不同的是，该体系中浆料被放置在两端具有滤网的密闭容器中，电解液在电解槽中进行电解一段时间后，由循环泵将电解液泵入具有滤网的装浆容器中，由于滤网的存在使得浆不会随着电解液而流走，在容器中含有"氧化态"介体的电解液与浆料进行充分接触并发生反应，然后电解液由容器的顶端出口排出至电解槽中，随着电解槽中电解液的流动，还原态的催化介体再次在阳极上被氧化，进入循环系统。 整个体系的温度在试验室是这样来控制的，首先电解槽放置在恒温水浴中，同时循环管路也置于水浴中进行加热，通过测量密闭容器顶端排出的电解液的温度来控制反应温度。 通过管路上的开关来控制电解液的循环速度。 溶液 pH 通过在电解槽中加入酸或碱来进行调节。 浆浓通过密闭容器内两端筛网之间的体积来进行调节，浆料与电解液的混合通过内部的搅拌转子搅拌完成。 该体系将介体的电解氧化和介体与浆料的反应进行了分离，从而避免了过高浆浓阻碍催化介体在电极上转变为"氧化态"的速度缺陷，同时也为该漂白技术在工业中的应用提供了可能性。

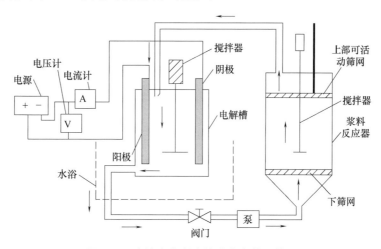

图 6-11　高浓电化学介体脱木素装置简图

将上述装置用于高浓电化学介体脱木素，选择 VIO 作为催化介体，对 EMCC 杨木浆（卡伯值为 17.4，黏度为 $1144 cm^3/g$，白度为 39.2% ISO）进行处理。

1. 紫脲酸浓度对脱木素效果的影响

控制浆浓为 3%，电压为 3.0V，温度为 50℃，pH 3.0，循环流量为 0.5 L/min，处理时间为 8 h 时，增加紫脲酸的浓度，浆的卡伯值在 E_M 和 E_mE 段处理之后逐渐减小，木素脱除率增大，如图 6-12 所示。 当紫脲酸浓度为 2.5mmol/L 时，碱处理之后的木素脱除率达到 42%左右。 随着 VIO 浓度的继续增加，其木素脱除率增加有所减缓。 对黏度而言，如图 6-13 所示，E_M 和 E_mE 段处理之后纸浆的黏度有所下降，但黏度损失较小。 紫脲酸浓度为 4mmol/L 时，纸浆经 E_M 和 E_mE 段处理之后，与原浆相比，其黏度损失量仅为 8.8%。 因此，紫脲酸浓度采用 2.5mmol/L 为最好。

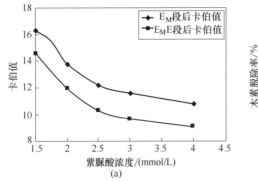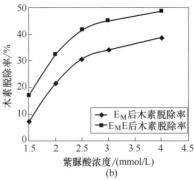

图 6-12　紫脲酸用量对脱木素效果的影响

（a）紫脲酸用量对卡伯值的影响　（b）紫脲酸用量对木素脱除率的影响

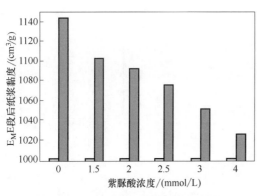

图 6-13　紫脲酸用量对纸浆黏度的影响

2. 处理时间对高浓电化学介体脱木素效果的影响

控制浆浓为 3%，电压为 3.0V，温度为 50℃，pH3.0，紫脲酸浓度为 2.5mmol/L，循环流量为 0.5L/min 时，增加电化学处理的时间，纸浆的卡伯值在 E_M 和 E_mE 处理之后逐渐减小，且下降趋势近乎为直线形式，木素脱除率随着处理时间的延长而逐渐增大，如图 6-14 所示。 当处理时间为 5h 时，电化学处理之后其木素脱除率仅为 21.6%，E_mE 处理之后为 34%。 处理时间为 8h 时，电化学处理之后木素脱除率达到 31%左右，而 E_mE 处理之后纸浆卡伯值由 17.4 降低为 10.4，木素脱除率达到 42%左右。 该体系脱木素所需时间较长，是由该装置中使用的电极板的面积较小造成的，电极板的几何面积较小导致紫脲酸转化为自由基的量较少，最终导致氧化降解木素所需的时间增加。 图 6-15 表明，延长处理时间，E_M 处理后纸浆的黏度呈现下降的趋势，但下降幅度较小。 处理时间为 8h 时，纸浆黏度损失较小，仅为 10%左右。 可以看出，尽管该体系脱木

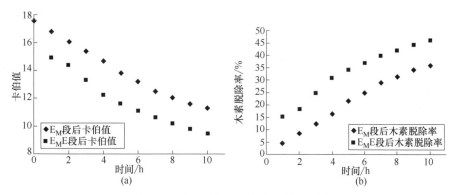

图 6-14 处理时间对脱木素效果的影响

（a）处理时间对卡伯值的影响 （b）处理时间对木素脱除率的影响

素所需时间比较长，但最终得到的脱木素效果还是较为满意的。

3. 浆浓对高浓电化学介体催化脱木素效果的影响

紫脲酸浓度为 2.5mmol/L，电压为 3.0V，温度为 50℃，pH3.0，处理时间为 8h，循环流量为 0.5L/min时，不同浆浓条件下电化学脱木素效果如图 6-16 和图 6-17 所示。 随着浆浓的增加，$E_M E$ 处理之后纸浆的木素

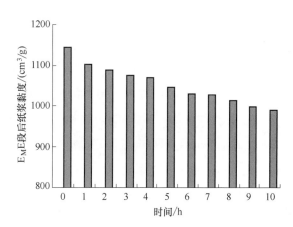

图 6-15 处理时间对纸浆黏度的影响

脱除率明显下降，并且当浆浓超过 5%时，其下降幅度增大，而浆的黏度逐渐升高。 这表

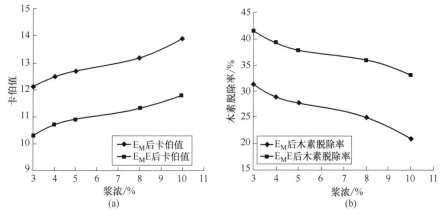

图 6-16 浆浓对纸浆卡伯值及木素脱除率的影响

（a）浆浓对卡伯值的影响 （b）浆浓对木素脱除率的影响

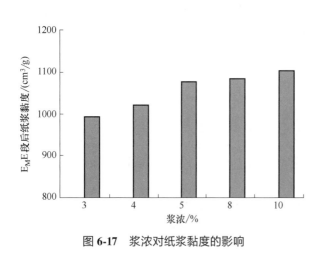

图 6-17　浆浓对纸浆黏度的影响

明增加浆浓,其脱木素效果变差,是由于过高的浆浓降低了浆的反应均匀性。 一般认为,浆浓宜控制在 3% ~5% 。

4. 循环流量对脱木素效果的影响

控制浆浓为 3% ,紫脲酸浓度为 2.5mmol/L,电压 3.0V,温度 50℃,pH3.0,处理时间为 8h 时,循环流量对该体系脱木素效果的影响如图 6-18、图 6-19 所示。 可看出,过高和过低的循环流量均不利于纸浆的脱木素。 $E_M E$ 处理后,浆的黏度在较低和较高的循环流量时损失量较少。 循环流量过低时,尽管紫脲酸介体能够被充分氧化转化为紫脲酸自由基形式,但自由基与浆料接触的机会却相应地减少,导致脱木素效果较差。 循环流量过高时,虽然氧化态的介体可以更多地与浆料接触反应,但由于流速过快,很多介体不能够及时地转化为自由基形式就被转入浆料反应器,因而起不到脱木素的作用,等于白循环了一次,导致较差的脱木素效果,而且增加了循环泵的能量消耗。

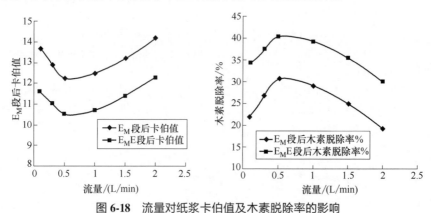

图 6-18　流量对纸浆卡伯值及木素脱除率的影响

5. 槽电压对电化学催化脱木素效果的影响

电压的高低,直接决定着阳极电极电位的大小。 只有阳极的电极电位高于介体的氧化电势时,介体才能够在阳极上被氧化生成自由基。 但电位过高又会导致介体的氧化降解,同时容易引起阳极发生析氧反应,从而降低电流效率。 在浆浓为 3% ,温度为 50℃,pH3.0,处理时间 8h,紫脲酸浓度 2.5mmol/L,循环流量为 0.5L/min 时,随着电压的升高,纸浆经过 E_M 和 $E_M E$ 处理之后,其卡伯值随着电压的升高先下降后上升,而木素脱除率

先升高后下降，如图 6-20 所示。 当电压
为 3.0V 时，经 $E_M E$ 处理之后，纸浆卡伯
值最低，由原来的 17.6 下降到 10.4，木
素脱除率最高，达到 41% 左右。 这是因
为电压很低时，反应过程中电流密度很
小，不利于紫脲酸自由基的生成，随着电
压的升高，阳极的电极电位也随之增加，
从而能够有效地促进紫脲酸转化为自由
基，进而利于脱木素的进行。 电压高于
3.0V 继续增加时，过高的电压不利于纸
浆的脱木素，是由于过高的电压导致介

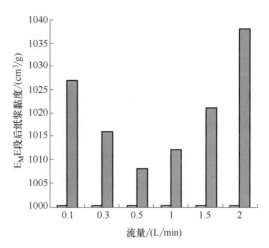

图 6-19 流量对纸浆黏度的影响

体发生了氧化降解，并且过高的电压容易引起阳极发生析氧反应，阻碍紫脲酸在阳极氧化
为自由基，同时降低了电流效率，因而脱木素效果较差。 不同电压对浆的黏度影响不大，
如图 6-21 所示。

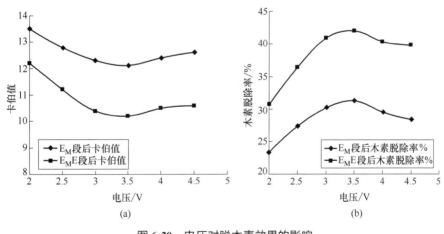

图 6-20 电压对脱木素效果的影响

（a）槽电压对卡伯值的影响 （b）槽电压对木素脱除率的影响

6. 温度对电化学介体脱木素效果的影响

图 6-22 表明，处理温度为 50℃时，具有最好的处理效果，纸浆经 E_M 及 $E_M E$ 处理之
后，其卡伯值分别为 12.3 和 10.2，木素脱除率分别为 30.1% 和 42.0%。 降低或升高温度
均不利于木素的脱除。 当温度低于 70℃时，升高温度黏度略有降低，但下降幅度较小，如
图 6-23 所示。 当温度升高至 80℃时，黏度明显下降，这是在高温条件下纤维素发生酸性
水解的结果。

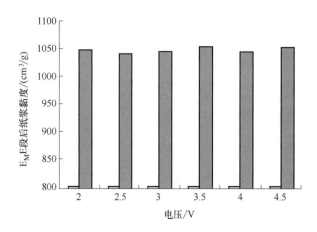

图 6-21　电压对纸浆黏度的影响

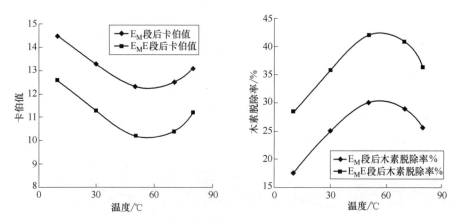

图 6-22　温度对脱木素效果的影响

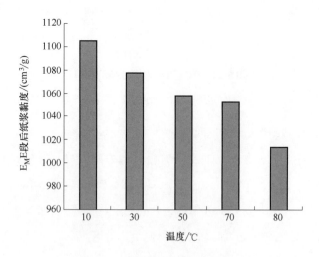

图 6-23　温度对纸浆黏度的影响

第三节　紫脲酸为介体的电化学催化脱木素机理

一、紫脲酸为介体的电化学催化脱木素基本原理

电化学介体脱木素是利用电化学的方法使介体转变成氧化态，而后与木素发生反应，达到脱除木素的目的。在与木素的反应过程中，氧化态物质被还原为还原态，还原态介体被电极再次氧化为氧化态或自由基，从而达到循环催化脱木素的效果。电化学介体漂白中，氧化态或自由基形式的介体与木素的反应因在水相中进行，从而要求介体的氧化态或自由基要有相对较长的寿命和足够高的氧化电势来氧化降解木素大分子结构。由于介体在该体系中需循环使用，因而，应具有较好的结构稳定性和氧化还原可逆性。此外，介体还应具有较小的分子结构和较低的相对分子质量，无毒、生物可降解。

VIO作为介体，具备上述的要求。研究表明，紫脲酸在电极作用下能产生自由基且在水溶液中的半衰期大于30min，其电极反应可逆性高达96%。循环伏安测试表明，VIO氧化电势和还原电势分别为1.02V和0.91V（SHE，pH4.5，25℃）。而木素结构中不同芳香结构单元的氧化还原电势在0.45～0.69V，这表明紫脲酸自由基具有足够的氧化还原电势来氧化浆中的残余木素。

在VIO为介体的电化学介体漂白中，VIO在阳极上失去一个电子成为VIO·，而后VIO·渗透到纤维内与残余木素发生氧化反应，木素被氧化为木素自由基，而后被进一步氧化降解或结构发生改变而溶出，VIO·在该过程中得一个电子转变为VIO。VIO再在阳极上被转变为VIO·，从而实现循环催化脱木素。溶出的木素和部分多糖类物质在阳极上也发生部分降解，其电化学介体漂白的原理简图如图6-24所示。

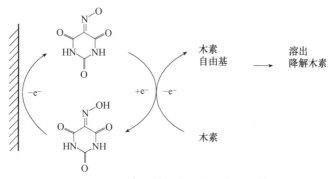

图6-24　VIO为介体的电化学漂白原理简图

二、测定电化学介体脱木素体系中VIO·含量的新方法——微量碘量法

研究发现，利用VIO（紫脲酸）为介体能够达到较好的脱木素效果，且经过VIO介体

脱木素的浆料具有很好的后续可漂性。 那么，不同的工艺条件下，VIO 转变为 VIO · 的规律如何呢？ 首先介绍测定 VIO · 的新方法——微量碘量法。

紫脲酸作为电化学介体脱木素的介体，结构中含有═N—OH 结构（图 6-25）。 图 6-26 的循环伏安图表明，在电化学反应中，VIO 具有较好的氧化还原可逆性和较适合的氧化还原电位，分别为 1.02V 和 0.86V[1]。 紫脲酸在具有较高电极电位的阳极上，能够发生电子的转移，形成═N—O · 自由基，如图 6-27 所示。 VIO 具有适中的氧化还原电势，在电化学反应过程中生成的 VIO ·，用 ESR（电子自旋共振仪）对其进行了检测，谱图如图 6-28 所示。 电化学介体脱木素体系中有 VIO · 产生，同时得出自由基与 α -N 具有最大的共轭系数。 目前，对于 VIO · 的测定，主要是采用 ESR 来进行相对强度的测定，该测定方法中所用设备费用高，操作复杂。 此外，旋转圆盘电极也可测定自由基的含量，该方法设备费用有所降低，但电流的变化受外界干扰的影响因素较多。

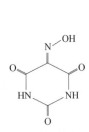

图 6-25　紫脲酸化学结构

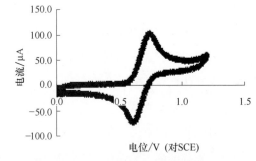

图 6-26　紫脲酸循环伏安曲线

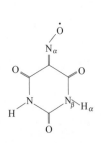

图 6-27　紫脲酸自由基结构图

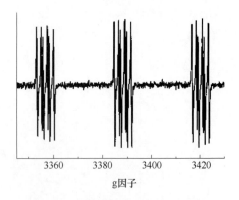

图 6-28　紫脲酸自由基 ESR 谱图

微量碘量法的基本依据为：$E^{\theta}_{VIO \cdot /VIO} = 0.534V < E^{\theta}_{VIO \cdot /VIO} = 0.86V$，表明 VIO 自由基具有足够的氧化电势把 I⁻氧化成 I_2。

其反应原理简式如下所示：

$$2VIO\cdot + 2I^- \longrightarrow I_2 + VIO$$

反应中生成的 I_2 采用淀粉进行显色反应，然后在紫外−可见分光光度计上进行吸光度检测，按照碘标准溶液工作曲线进行计算和换算得到 VIO· 的量。图 6-29 为在酸性 KI 淀粉溶液中加入不同溶液的显色反应试验，可以看出 KI 淀粉溶液在不加任何物质和加入 2mmol/LVIO + 0.05mol/L Na_2SO_4 溶液时，均为无色，而在加入 $VIO+Na_2SO_4$ 的电解液后，溶液马上变为蓝色，证明发生了上述反应，生成了 I_2，I_2 与淀粉发生显色反应，使溶液变蓝。

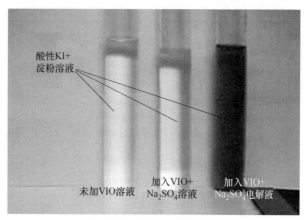

图 6-29　VIO· 与 KI 淀粉溶液的显色反应

利用上述方法，对 VIO 为介体的电化学脱木素电解液中生成的 VIO· 进行半衰期的测定，电解体系的工艺条件为：VIO 浓度 2.0mmol/L，电压 2.5V，pH4.5，温度 50℃，Na_2SO_4 浓度 0.05mol/L，不加浆料，电解 2h 后进行自由基含量测定，然后停止供电，间隔一段时间后再测定自由基含量，根据时间和自由基含量绘制曲线，计算 VIO· 的半衰期，并与利用 ESR 进行测定的数值进行比较，如图 6-30 及图 6-31 所示。

VIO· 的测定采用如下操作：取 10mmol/L KI 溶液 1mL + 1mL 0.5%淀粉溶液 + 2mol/L H_2SO_4 溶液 500 μL + 1mLVIO 浓度为 2mmol/L 的电解液（取出后 30s 后加入）摇荡 30s 后，在分光光度计上测定 595nm 处吸光度值。以 10mmol/L KI 溶液 1mL + 0.5%淀粉溶液 1mL + 2mol/L H_2SO_4 溶液 500 μL + 2mmol/L VIO 的 1mL 未电解的电解液为参比，然后依据标准曲线计算出碘的浓度，再根据方程式中的反应关系计算出 VIO· 的量。

由图 6-30 中可看出，当切断电源后，VIO· 的浓度随着时间的延长，逐渐下降。当浓度下降至一半时所需的时间即半衰期，为 $\tau_{1/2}$ =45min，而利用 ESR 对其半衰期进行测定后计算出的 $\tau_{1/2}$ =41min，如图 6-31 所示。表明，采用微量碘量法能够准确地测定电解液中 VIO· 的量，且采用该方法能够测得电解液中 VIO· 的绝对量，更能直观地反映 VIO 的转变率。

微量碘量法能够测定电解液中生成的 VIO· 量，与采用 ESR 方法测得的 VIO· 半衰期基本一致。该方法能够表征 VIO· 的绝对量，能直观反映 VIO 的转化率，同时设备费用较低，操作简单。

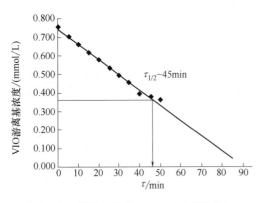

图 6-30　微量碘量法 VIO· 半衰期测定

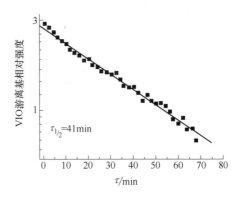

图 6-31　ESR 法 VIO· 半衰期测定

三、电化学介体脱木素体系中 VIO· 的产生规律

1. 不同槽电压下电化学介体脱木素体系中 VIO· 的产生规律

当电化学介体体系在不同电压下进行脱木素时，其脱木素效果不同，过高电压和过低电压对脱木素均不利。 不同电压下 VIO· 的产生量，如图 6-32 所示。 该测量体系中未加入浆料。

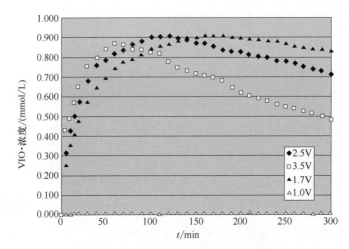

图 6-32　不同电压下 VIO· 的产生规律

图 6-32 表明，电压为 1.0V 时，在整个电解时间内，均没有 VIO· 产生。 这是因为当槽电压为 1.0V 时，其阳极电位低于 VIO 的氧化电位 1.02V，因而没有 VIO· 产生。 当电压高于 1.7V 后，溶液中 VIO· 的量随电解时间的延长而逐渐增加，在一定时间后达到最高值，然后继续延长时间，浓度逐渐下降。 浓度的逐渐下降，是由于部分 VIO 在反应过程中发生了结构变化，从而使得 VIO 的浓度下降引起的。

比较能够产生自由基的各个电压下 VIO· 产生的规律，发现随着槽电压的升高，电解液中 VIO·达到最高浓度的时间逐渐缩短，但随后其浓度的下降幅度随着电压的升高而逐渐增大。 比较各曲线下方的面积可发现，当电压为 3.5V 时，在整个电解时间内，VIO·的平均浓度低于电压为 1.7V 和 2.5V 时的平均浓度。 这表明电压过高时，生成的 VIO·的量较少，这就是电压过高时脱木素效果不好的原因所在。 图 6-32 表明，当电压≥1.7V 时，最大 VIO·浓度仅为 0.9mmol/L，这说明在 2mmol/L 的 VIO 电解液中，并非全部 VIO 都能转变为 VIO 自由基，最大转化率仅为 45% 左右。

2. 不同温度下电化学介体脱木素体系中 VIO·的产生规律

不同温度下 VIO·产生规律如图 6-33 所示。 不同的温度下，对电解液进行电解时，随着电解时间的延长，VIO·浓度先是逐渐增大，当达到最大值后逐渐下降，且随着温度的升高，下降幅度逐渐增大。 对比不同温度下达到最大浓度时所需时间可以发现，随着温度的提高，VIO·达到最大浓度时所需时间逐渐缩短，但随着温度的升高，VIO·的最大浓度值下降，以 50℃时最高。 温度的升高，尤其是高于 50℃后，产生的 VIO·的总量明显下降。这是因为高温下 VIO 发生热分解，或 VIO 的氧化还原可逆性降低造成的。

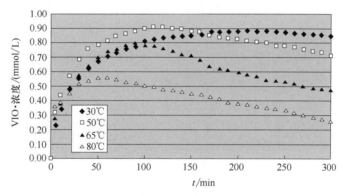

图 6-33 不同温度下 VIO·生成曲线

3. 不同 pH 下 VIO·的产生规律

由前面的章节可知，随着 pH 的逐渐升高，脱木素效果逐渐变差。 不同 pH 下产生 VIO·的情况如图 6-34。

在不同 pH 下，随着电解时间的延长，VIO·的浓度先上升后下降。 不同 pH VIO·产生曲线表明，随着 pH 的逐渐升高，VIO·的最大浓度逐渐下降，且达到最大浓度的所需时间有所缩短。 随着 pH 的升高，在达到最大值后 VIO·浓度的下降幅度增大。 pH 升高后，整个电解时间内 VIO·的量逐渐下降。 高 pH 下较低的 VIO·生成量可能与 VIO 的氧化还原可逆性有关。

升高 pH，VIO·达到最大浓度所需时间缩短，最大浓度值有所下降，VIO·达到最大值后下降幅度增大。 高 pH 下，较低的 VIO·生成量和电解时间内较低的 VIO·浓度是脱木素

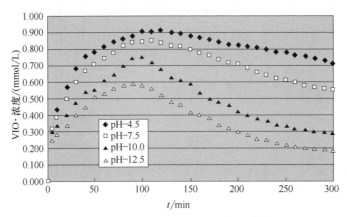

图 6-34　不同 pH 下 VIO· 的生成曲线

效果较差的主要原因。

4. 有/无隔膜对 VIO· 产生的影响

在电解槽中使用隔膜后，由于隔膜的存在能够使得在阳极上生成的物质不会在阴极上

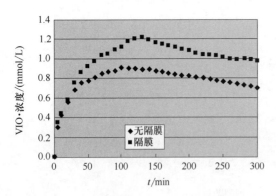

图 6-35　有/无隔膜对 VIO· 生成规律的影响

发生还原反应，从而避免了阴阳极产生物质的混合。 在 VIO 为介体的电化学介体体系中，使用隔膜电解槽后，VIO· 生成曲线如图 6-35 所示。 使用隔膜后，VIO· 达到的最高浓度值有所提高，由无隔膜时的 0.9mmol/L 提高至有隔膜时的 1.2mmol/L。 这表明，使用隔膜后有效地提高了 VIO 转变为 VIO· 的转化率，由原来的 45% 提高到 60% 左右。 隔膜能够阻止部分 VIO· 在阴极上发生还原反应。 较高的 VIO· 生成浓度是其具有较高脱木素能力的主要原因。

四、VIO· 与浆料的反应性能

VIO· 与浆料纤维的反应性能和变化规律如图 6-36 所示，当电解槽中不添加纤维浆料时，电解液中的 VIO· 随着电解时间的延长逐渐增大。 当 VIO· 达到最高浓度时，向电解液中加入纤维浆料，VIO· 的浓度急剧下降，且在后续的时间段内一直没有检测到 VIO· 的出现。 这表明，VIO· 与纤维中木素的反应速度是相当迅速的。

在电化学介体脱木素过程中，所发生的反应可以分为以下几个步骤：①介体在电极上转变为氧化态物质；②氧化态物质向纤维内传质过程；③氧化态物质与木素发生反应；④还原态物质向电极发生的传质过程。 图 6-36 中的变化表明，当浆料纤维加入到电解液后，VIO·在不到 2min 内就已经检测不到了，说明 VIO·向纤维内的传质过程和与木素的反应过程是相当迅速的。因此，电化学介体脱木素的整个反应速度是由介体在电极上氧化为氧化态物质的速度决定的。还原态物质向电极的传质及在电极上氧化为自由基的速度是整个反应的控制步骤，提高介体在电极上的氧化速度是提高整个体系反应速度的关键，也是有效缩

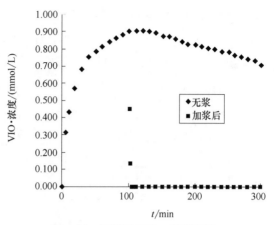

图 6-36　加浆后 VIO·浓度变化

短反应时间的关键，这可以通过改变电极面积、电极形状、介体浓度及电压大小等因素来实现。

五、VIO·与不同单体模型物的反应性能

VIO 为介体的电化学介体脱木素过程中，与木素发生反应的是 VIO 经电化学方法转变的 VIO·。采用电化学的方法对 VIO 溶液进行电解，能够使 VIO 转变为 VIO·，ESR 分析也证明了这点。

图 6-37 所示的化合物分别为化合物 Ⅰ（香草醇）、Ⅱ（藜芦醇）、Ⅲ（邻甲氧基苯酚），Ⅰ、Ⅱ、Ⅲ均为木素单体模型物，Ⅰ、Ⅲ代表酚型木素结构单元，Ⅱ代表非酚型木素结构单元，化合物Ⅳ（甲基-β-D-葡萄糖苷）是纤维素模型物。

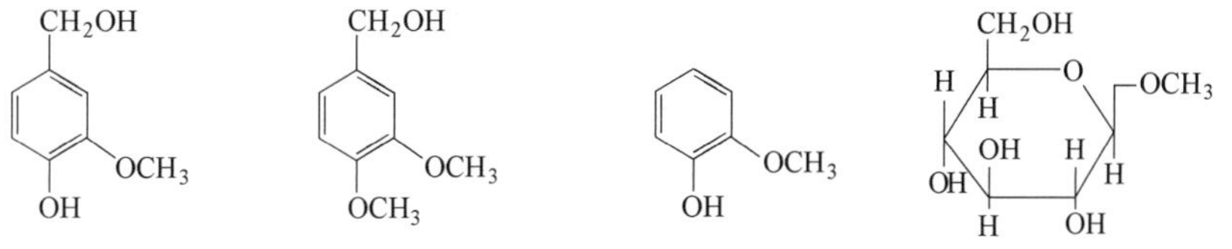

CH₂OH　　　　CH₂OH　　　　　　　　　CH₂OH
Ⅰ 香草醇　　　Ⅱ 藜芦醇　　　Ⅲ 邻甲氧基苯酚　　Ⅳ 甲基-β-D-葡萄糖苷

图 6-37　各种木素和纤维素模型物结构

先用电解方法获得具有一定 VIO·含量的溶液，然后加入各种模型物进行反应。在模型物加入前后，测定溶液中 VIO·含量的变化。通过 VIO·含量的变化来研究各模型物与 VIO·的反应速度。为确保溶液中具有足够的模型物与 VIO·进行反应，模型物的浓度均为 VIO 浓度的 10 倍。将 200mL 模型物浓度为 50mmol/L 的溶液（或悬浮液）加入到 500mLVIO 浓度为 2mmol/L 的电解液中（按 45% 转化为 VIO·计算）进行反应。

各种模型物加入到 VIO·溶液中后，VIO·的浓度随时间的变化如图 6-38 所示。在各种木素模型物的反应中，当木素模型物 Ⅰ 和Ⅲ加入到 VIO·溶液中后，VIO·的浓度立刻下

降到零,溶液中检测不到自由基的存在。 当加入木素模型物Ⅱ时,VIO·的浓度下降也较快,但相对于Ⅰ、Ⅲ来说慢了很多,大概需要4~5min VIO·的浓度才降为零。 这表明,酚型木素结构单元与VIO·的反应较非酚型木素结构单元有更快的反应速度和反应活性。比较Ⅰ、Ⅲ两种木素模型物的反应速度可知,两者具有基本相同的反应速度,则对于酚型木素单元而言,醇羟基取代苯环上的氢之后,未对反应速度产生影响。 Ⅰ、Ⅱ不同的反应速度表明,苯环上羟基对于反应速度具有重要的影响,它的存在能够加快反应速度。

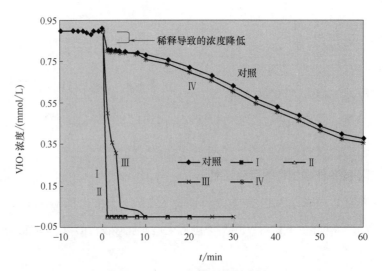

图 6-38　VIO·与模型物反应图

图6-38表明,纤维素模型物Ⅳ加入后,VIO·浓度基本保持不变,其浓度的下降曲线与对照样(无模型物加入)基本一致,表明纤维素模型物Ⅳ不与 VIO·发生反应。 电化学法 VIO·的生成实际上等同于═N—OH 基团的失氢反应。 VIO·与酚型木素结构单元反应速度之所以较快是因为 VIO·能够较容易地从酚羟基上夺氢,使其变为酚氧自由基,而本身转变为 VIO。 在与非酚型木素单元的反应中,VIO·是从由两个甲氧基活化的苯醇系统上获得,因而反应速度相对慢一些。

酚型木素模型物与非酚型木素模型物均能与 VIO·发生反应,相对于非酚型木素模型物而言,酚型木素模型物具有更快的反应速度。 VIO·与纤维素模型物不发生反应,这是 VIO 介体电化学处理浆料具有较高黏度的主要原因。

六、VIO 体系中 VIO·与木素的反应途径

1. VIO·与酚型木素的反应途径

以图6-38中木素模型物Ⅰ和Ⅱ,分别代表酚型和非酚型木素进行紫脲酸为介体的电化学反应。 木素模型物Ⅰ和Ⅱ浓度均为 0.5mmo/L,VIO 浓度为 10mmol/L,电解 50min 后加入模型物,反应 1 h,50℃,反应产物经 GC-MS 检测。

　　木素模型物Ⅰ与VIO·反应后所得产物如图6-39所示，产物1和2的量较多，产物3、4、5相对较少，产物6、7、8、9、10的量更少，产物11、12为水相中抽提物，量较少。对于产物3、4、5的后续氧化产物因均为痕迹量，在图6-39中未详细列出。

　　图6-39表明，模型物3-甲氧基-4羟基-苯甲醇（Ⅰ）与VIO·发生反应后，苯环上的醇羟基大部分转变为醛或酸的形式（产物1或2），部分单元在苯环上引入了羟基基团（产物3、4、5），少量单元还发生了苯环脱甲基和α-碳反应。苯环上羟基的引入能够增加苯环的反应活性，这有利于后续反应的发生。由产物6、7、8、9、10可看出，在反应过程中，木素单元之间发生了极少量缩合，形成了木素二聚体，这对于木素的脱除是不利的。分析各缩合产物可知，产物6、7、8为反应体系中木素自由基聚合产生的，而产物9、10是由模型物Ⅰ在酸性条件下发生的酸催化缩合造成的。木素的缩合对于木素的脱除是不利的。从产物6、7、8的存在可知，木素与VIO·发生的反应很有可能是由VIO·引发的自由基反应。虽然反应过程中存在木素的缩合，但木素的缩合反应并非是主反应，各产物较少的生成量可以证实这一点。从主要的产物（1和2）分析可知，反应后产物中存在共轭羰基，共轭羰基的存在能促进β-醚键的断裂，这对于木素结构单元间键的断裂和木素的溶出是有利的，也有利于后续漂白过程中木素的降解。此外，其他相对较少量产物中苯环上羟基的

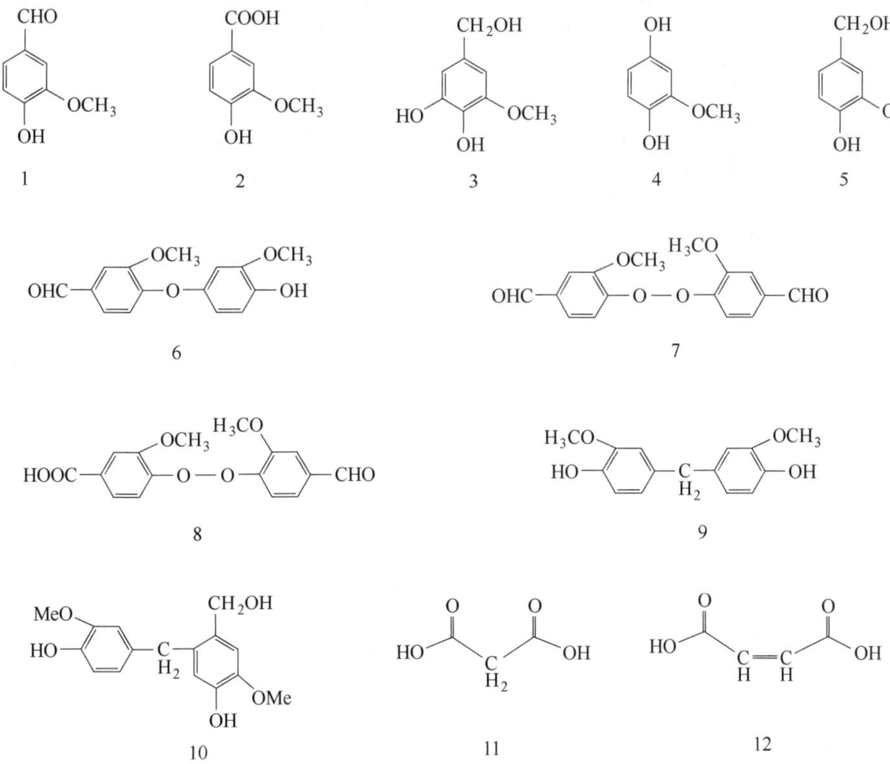

图6-39　模型物Ⅰ与VIO·反应产物

引入也会增加木素分子的反应活性。 由水相中存在的产物 11、12 来看，说明在反应过程中有极少量的苯环发生了开裂反应。

对于模型物 I 与 VIO· 发生反应的可能路径如图 6-40 所示。 在反应途径中，酚型木素模型物 I 与 VIO· 发生反应，VIO· 首先从酚羟基上夺取氢，使其变为酚氧自由基，由于酚氧自由基存在共振结构，在各共振结构的基础上分别发生后续加水脱氢等反应，使得醇羟基逐步转变为醛基、羧基；一些路径向苯环引入羟基，部分路径中伴随着羟基的引入引起苯环甲基的脱除，少量单元出现开环现象。 由于发生的一系列反应是自由基反应，就不可避免的出现木素模型单元之间的缩合，其中有的反应产物是在进一步氧化过程中形成的，如 7、8，也有的是后续产物自由基与初始自由基发生链终止反应形成的，如 6。 与自由基反应同时进行的反应是酸催化缩合反应，电化学脱木素反应条件为酸性条件，在酸性条件

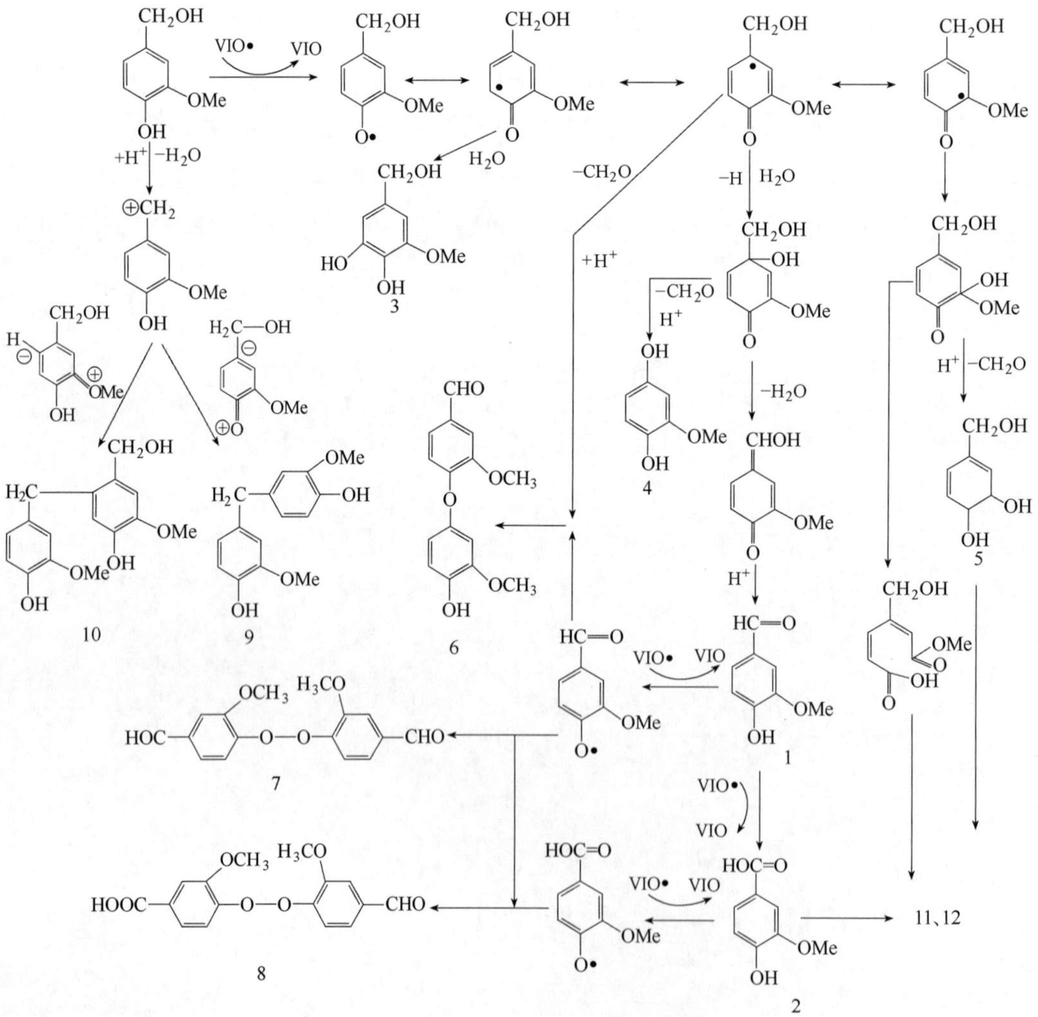

图 6-40   模型物 I 与 VIO· 的反应路径

下，模型物能够脱去 C_α 上的取代基，形成碳正离子，从而发生缩合反应，如产物 9、10。

酚型木素模型物与 VIO· 发生反应，形成木素模型物自由基，继而发生一系列自由基反应，反应过程中 C_α 形成了共轭羰基，苯环上引入了酚羟基，这均能增加后续漂白中木素的反应性，部分单元出现开环反应，生成羧酸类小分子。反应过程中，少量木素模型物自由基的缩合反应和酸催化缩合反应，使相对分子质量有所增大。

2. VIO· 与非酚型木素的反应途径

非酚型模型物 3，4-二甲氧基苯甲醇（Ⅱ）与 VIO· 发生反应后所得产物如图 6-41 所示。图 6-41 中所列产物中，产物 1 的量最为丰富，其次为产物 2，产物 3、4 量较少，产物 5、6、7 为微量，8、9、10 及水相中产物 11、12 为痕迹量。

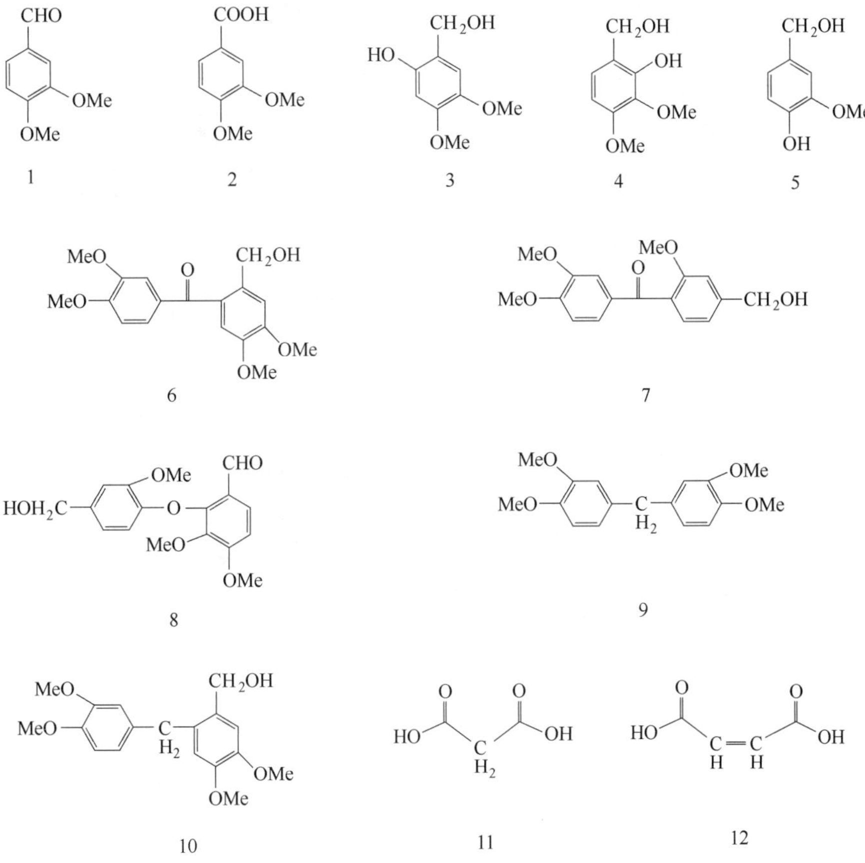

图 6-41　模型物Ⅱ与 VIO· 反应产物

图 6-41 表明，VIO· 与模型物Ⅱ能够发生反应。反应后，模型物单元的醇羟基发生了变化，转变为醛基或羧基，分别对应于产物 1 和 2。由产物 3、4 可看出，在反应过程中，部分产物引入了酚羟基。由产物 6、7 可看出，在反应过程中模型物单元发生了聚合，分析认为这两种产物均为自由基聚合的结果，和模型物Ⅰ的反应类似。这说明模型物Ⅱ与

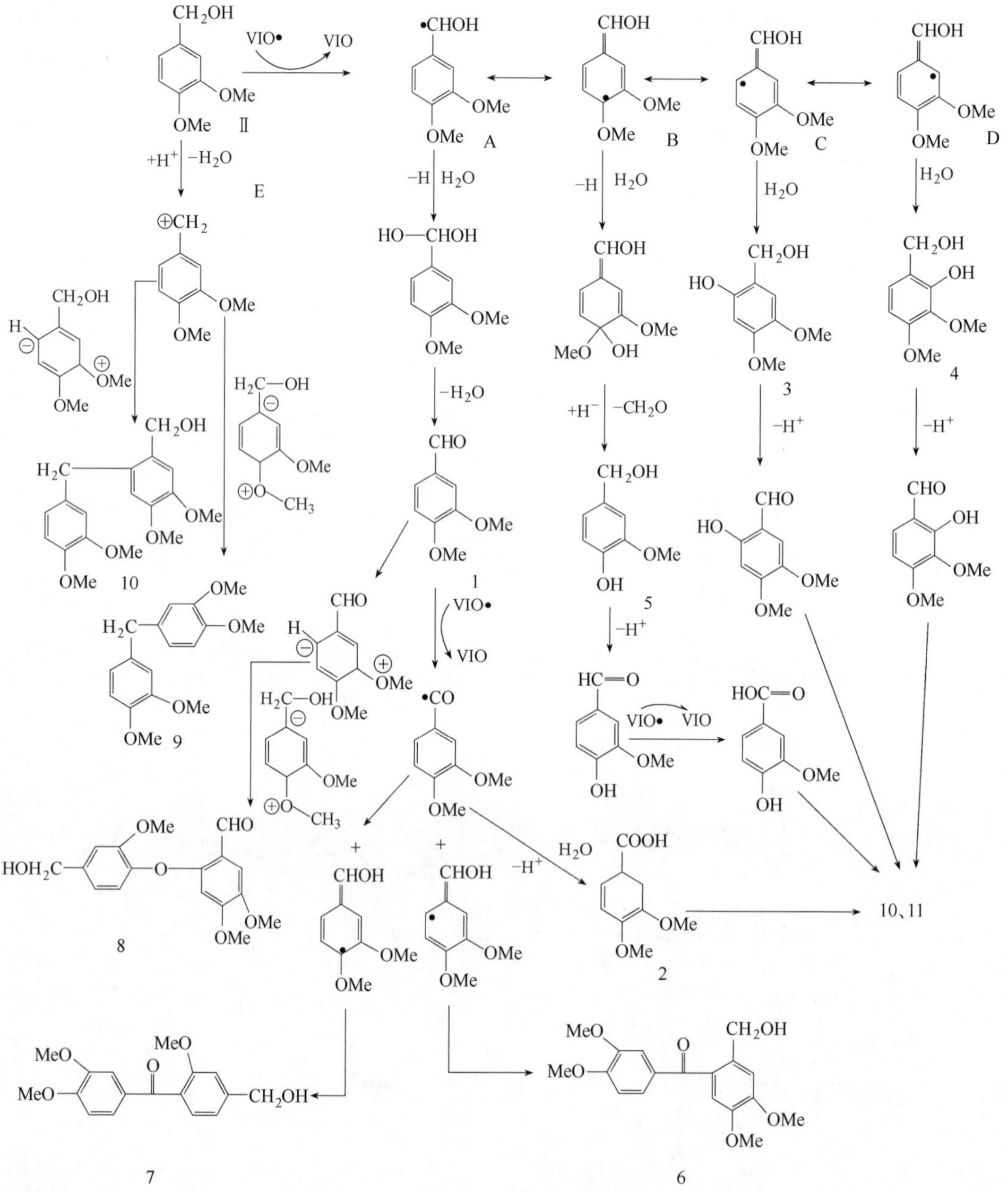

图 6-42　模型物 Ⅱ 与 VIO · 的可能反应路径

VIO · 的反应仍可能属于自由基反应。 产物 8、9、10 的存在说明该模型物发生了酸催化缩合。 产物 5 的微量存在，说明反应过程中有极少情况发生了苯环脱甲基反应，这很可能与模型物自由基与 VIO · 发生反应有关，但试验中未检测到模型物自由基与 VIO · 的缩合产物，其原因有待于进一步研究。 根据上述分析及所得各产物结果，认为模型物 Ⅱ 与 VIO ·

发生反应的可能路径如图 6-42 所示。

图 6-42 表明，木素模型物 Ⅱ 与 VIO· 发生反应，VIO· 首先从 C_α 位夺取氢，使模型物 Ⅱ 转变为模型物自由基 A，自由基 A 具有 B、C、D 三种稳定的共振结构。 自由基 A 通过后续一系列加水脱氢及与 VIO· 反应，逐步转变为产物 1 和 2，产物 2 被进一步氧化。 反应路径 A 中，生成的 3,4-二甲氧基苯甲醛自由基与模型物自由基共振体 C、D 或 B 发生自由基聚合反应，生成产物 6 或 7。 自由基共振体 B 由于自由基位置位于苯环 4 位，与甲氧基属同一位置，在引入羟基的过程中，甲基脱除，从而产生了酚型结构单元，由于酚型结构单元具有更好的反应活性，则更容易被进一步氧化。 自由基共振体 C 和 D，在反应过程中分别在苯环的 2 位和 6 位引入了羟基，从而使得结构中酚羟基的数量增多，这有利于提高其后续反应活性。 由上述分析表明，非酚型木素模型物 Ⅱ 与 VIO· 发生自由基反应。首先形成 C_α 自由基，然后再通过一系列反应使 C_α 位产生共轭羰基或在苯环上引入羟基。

如图 6-43 所示，在酸性条件下，模型物 Ⅱ 会发生 E 路径的酸催化缩合，首先是形成 C_α 正离子，然后该位置受到亲核试剂的攻击，形成缩合产物 9、10。 自由基 A 的反应产物 1，由于其结构中存在具有强供电子基团甲氧基，从而使得甲氧基的对位显示负电性，易于受到具有 C_α 正离子的亲电试剂的攻击，形成缩合产物 8。

非酚型木素模型物 Ⅱ 与 VIO· 发生自由基反应。 首先形成 C_α 自由基，然后再通过一系列反应使 C_α 位产生共轭羰基或在苯环上引入羟基。 反应过程中，自由基之间发生链终止反应生成缩合共聚产物。 酸性条件下，酸催化缩合也是产生缩合产物的原因之一。

模型物 Ⅰ 的转化率为 80% 左右，而模型物 Ⅱ 的转化率为 40% 左右，因此，模型物 Ⅰ 具有更好的反应性。

酚型与非酚型木素模型物均能与 VIO· 发生反应，为自由基反应，酚型单元首先形成酚氧自由基，而非酚型单元则形成 C_α 自由基，继而进行一系列反应，最终在 C_α 位均出现共轭羰基结构，或在苯环上引入羟基基团，部分单元出现脱甲基反应及开环反应。 酚型单元较非酚型模型物单元具有更好的反应活性。 反应过程中，部分自由基之间发生聚合反应，同时酸催化缩合反应也是形成二聚体的原因之一。

第四节 多金属氧酸盐为介体的电化学脱木素工艺

一、多金属氧酸盐配合物（POM）的结构分析

根据 TG 分析数据以及各元素的分析结果，各种多金属氧酸盐配合物的元素组成如表 6-12 所示。

表 6-12　各配合物元素组成分析数据　　　　　　　单位:%

配合物	K	W 或 Mo	Mn 或 Fe 或 Co 或 V	B 或 Si 或 P	H₂O
$K_6[BW_{11}Mn(H_2O)O_{39}] \cdot 17H_2O$	7.10(7.16)	61.2(61.9)	1.62(1.67)	0.33(0.30)	9.84(9.91)
$K_4[PW_{11}Mn(H_2O)O_{39}] \cdot 28H_2O$	5.07(4.62)	59.1(58.8)	1.62(1.63)	0.89(0.90)	15.3(15.1)
$K_5[SiW_{11}Mn(H_2O)O_{39}] \cdot 25H_2O$	5.64(5.72)	59.7(59.4)	1.58(1.62)	0.85(0.83)	13.6(13.7)
$K_5[SiW_{11}Fe(H_2O)O_{39}] \cdot 10H_2O$	6.24(6.22)	64.7(64.3)	1.79(1.72)	0.90(0.88)	5.76(5.57)
$K_5[SiW_{11}Co(H_2O)O_{39}] \cdot 15H_2O$	6.06(6.00)	62.8(62.5)	1.83(1.80)	0.87(0.89)	8.95(8.90)
$Na_5[PMo_{10}V_2(H_2O)O_{39}] \cdot 14H_2O$	5.47(5.42)	45.6(45.8)	4.84(4.80)	1.48(1.50)	12.8(12.5)
$Na_5[PMo_7V_5(H_2O)O_{39}] \cdot 18H_2O$	5.64(5.61)	32.9(32.6)	12.5(12.4)	1.52(1.48)	16.8(16.9)

注: 括号内为计算值。

杂多酸化合物一般在 200nm 和 260nm 附近均有两个吸收谱带, 200nm 左右谱带不受阴离子结构变化的影响, 但受溶液中不同电解质的影响, 属 $O_d \rightarrow W$ 之间的荷移跃迁。 260nm 附近的吸收谱带不受阴离子质子化作用的影响, 属 O_b, $O_e \rightarrow W$ 的荷移跃迁, 是 Keggin 结构杂多化合物的特征吸收峰。 各配合物在紫外区的吸收光谱数据见表 6-13, 其谱图如图 6-43 所示。 各配合物在 250nm 附近均出现了强吸收峰, 表明各配合物均具有 Keggin 结构。

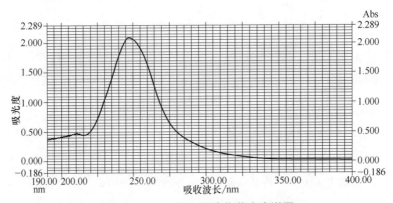

图 6-43　BW11Mn 配合物紫光光谱图

Keggin 结构的配合物通式可表示为 $[XM_{12}O_{40}]^{n-}$ (X = P、Si、B 等, M = W、Mo)。 当用 Z 替换部分 M 后, 通式可表示为 $[Z_m XM_{12-m}O_{40}]^{n-}$, 但其 Keggin 结构不会遭到破坏。 在该结构杂多阴离子中氧有以下 4 种:①O_a:四面体氧 X—O_a;②O_b: M—O_b 即桥氧 O_b, 属不同三金属簇角顶共用氧;③O_e: M—O_e 即桥氧, 属同一三金属簇共用氧;④O_d: M=O_d 即端氧, 每个八面体的非共用氧。

具有 Keggin 结构的杂多配合物在红外光谱中具有明显的特征峰出现, 其主要分布在 700 ~ 1000cm⁻¹ 范围内。 一般认为各键的反对称伸缩振动频率为: X—O_a: W 系 1079cm⁻¹,

Mo 系 $1064cm^{-1}$；$M=O_d$：W 系 $983cm^{-1}$，Mo 系 $964cm^{-1}$；$M—O_b—M$：$890\sim850cm^{-1}$；$M—O_c—M$：$800\sim760cm^{-1}$。

各配合物的红外光谱图见图 6-44 至图 6-50，各配合物的红外光谱特征峰数据见表 6-13。图 6-44 至图 6-50 及表 6-13 表明，各种配合物在 $700\sim1100cm^{-1}$ 范围内均呈现出了 Keggin 结构杂多阴离子的特征谱带，说明它们均具有 Keggin 结构，Z_mXM_{12-m} 配合物的 $M—O_b—M$ 谱带与资料中 XM_{12} 的谱带相比有所红移，同时 $M—O_c—M$ 的谱带发生了劈裂，这是过渡元素的引入，使得配合物的对称性降低所致。$PW_{11}Mn$ 中 $P—O_a$ 键的反对称伸缩谱振动带发生了分裂，分裂成 $1074cm^{-1}$ 和 $1048cm^{-1}$ 两个谱带。

表 6-13　各配合物紫外光谱数据

配合物	PMo_7V_5	$PMo_{10}V_2$	$BW_{11}Mn$	$PW_{11}Mn$	$SiW_{11}Mn$	$SiW_{11}Fe$	$SiW_{11}Co$
特征峰位置 λ/nm	243.0	244.0	249.0	255.0	250.0	248.0	245.0

表 6-14　各配合物红外光谱数据　　　　　　　　　　单位：cm^{-1}

配合物	特征峰位置 ν			
	$X—O_a$	$M—O_d$	$M—O_b—Z$	$M—O_c—Z$
$SiW_{11}Mn$	996.40	953.18	897.00	801.92，758.70，702.52
$SiW_{11}Fe$	1000.72	957.50	906.64	797.60，724.13
$SiW_{11}Co$	996.40	957.50	901.32	810.56，698.20
$BW_{11}Mn$	1000.00	957.50	901.32	814.89，616.08
$PW_{11}Mn$	1074.19，1048.26	948.86	884.03	814.89，758.70
PMo_7V_5	1056.90	948.86	875.39	788.96
$PMo_{10}V_2$	1061.22	953.18	866.75	788.96

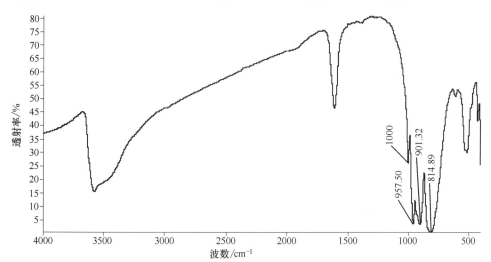

图 6-44　BW11Mn 配合物红外光谱图

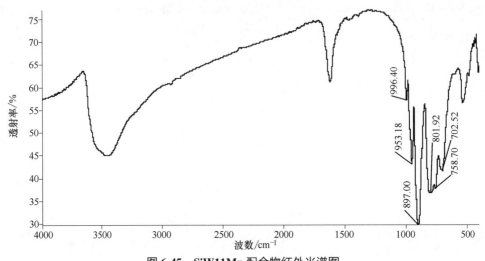

图 6-45   **SiW11Mn** 配合物红外光谱图

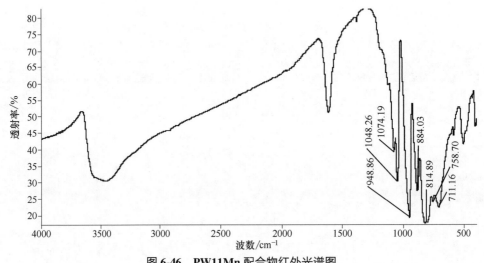

图 6-46   **PW11Mn** 配合物红外光谱图

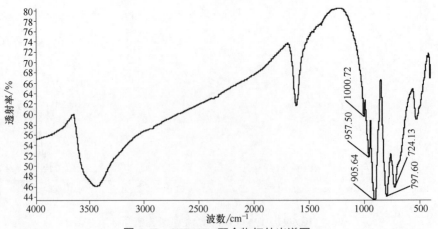

图 6-47   **SiW11Fe** 配合物红外光谱图

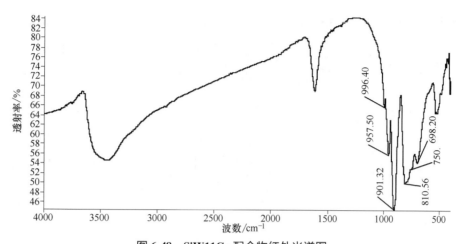

图 6-48 **SiW11Co** 配合物红外光谱图

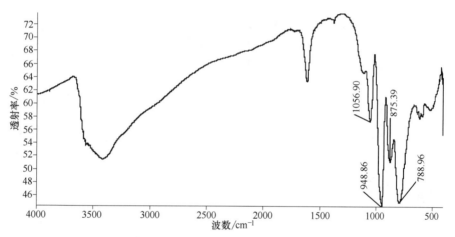

图 6-49 **PmO7V5** 配合物红外光谱图

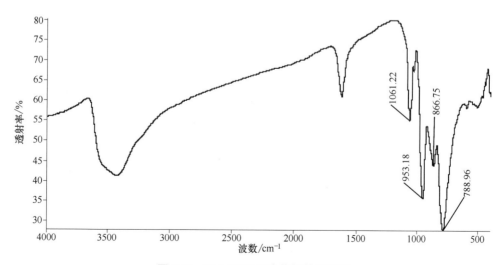

图 6-50 **PMo10V2** 配合物红外光谱图

各配合物的 X 射线衍射图谱如图 6-51 至图 6-56 所示。 可知，各种配合物其特征衍射峰主要集中在 2θ 为 $8°\sim10°$，$16°\sim20°$ 和 $26°\sim30°$ 等处，说明合成的配合物仍保持 Keggin 结构的基本骨架。 选择的各种杂多离子配合物均具有 Keggin 结构，为 Keggin 型配合物。

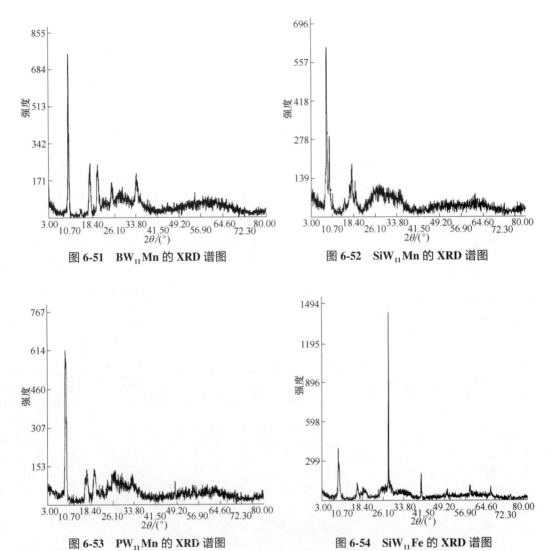

图 6-51   BW$_{11}$Mn 的 XRD 谱图

图 6-52   SiW$_{11}$Mn 的 XRD 谱图

图 6-53   PW$_{11}$Mn 的 XRD 谱图

图 6-54   SiW$_{11}$Fe 的 XRD 谱图

二、多金属氧酸盐 Na$_8$[PMo$_7$V$_5$O$_{40}$] 为介体的电化学脱木素

1. POM 为介体的电化学脱木素的基本原理

电化学介体脱木素是用电化学的方法使具有氧化性的介体与木素发生反应后得以重新生成，从而达到纸浆漂白的一种漂白体系。 在该体系中，介体在阳极上发生氧化反应转变为氧化态，而后与木素发生反应使其被氧化降解或结构发生变化，媒介本身被还原为原价态，而后再在阳极上被氧化，以至循环使用达到漂白的目的，其反应原理示意图如图 2-14

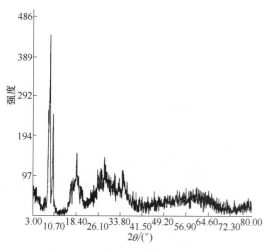

图 6-55　$SiW_{11}Co$ 的 XRD 谱图

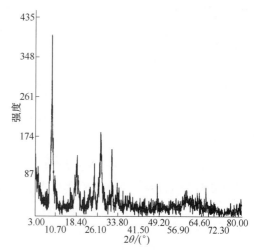

图 6-56　PMo_7V_5 的 XRD 谱图

所示。

具有 Keggin 结构的七钼五钒磷酸盐在溶液中发生自身的分解反应，产生 VO^{2+} 正离子：$POM\text{-}5 \Longleftrightarrow POM\text{-}(5\text{-}x)+xVO^{2+}$。因此在 POM-5 溶液中，POM（5-x）和 VO^{2+} 共存。纸浆中不同木素结构单元的氧化还原电势在 $0.45 \sim 0.69V$，而 POM-5 的氧化还原电势为 $0.68 \sim 0.72V$（pH=1），这表明 POM 有足够的氧化还原电势去氧化木素。由于 VO^{2+} 的氧化还原电势为 $0.87V$（pH=1），高于 POM-n（$1<n<6$）的氧化还原电势。因此，VO^{2+} 在反应中起主要作用。由图 6-58 可知，氧化态的 POM（POMox）与浆中木素发生反应，使浆中残余木素发生降解，而本身被还原为还原态的 POM（POMred），而后 POMred 再在阳极上被氧化为氧化态，达到循环使用，溶出的木素和部分多糖类物质在阳极上也发生部分降解。

在电化学介体脱木素过程中，介体的用量、电压或者电流、温度、时间、pH 以及电解液的组成均对最终脱木素的效果有着重要的影响。本实验中分别对上述影响因素进行了探讨分析。

2. 不同处理方法下 $Na_8[PMo_7V_5O_{40}]$ 电化学介体脱木素效果

不同处理方法下多金属氧酸盐 $Na_8[PMo_7V_5O_{40}]$ 的电化学介体脱木素效果如表 6-15 所示。不使用支持电解质和介体，仅依靠电流，或者说仅依靠阳极板的氧化作用不能起到脱木素的作用，表现为处理后浆的卡伯值为 17.0，与原浆相比几乎没有变化。Na_2SO_4 作为支持电解质，在通入电流或单独使用对浆进行处理时，不能使浆中残余木素脱除。POM-5 在不加电流情况下对原浆进行处理时，卡伯值从 17.3 下降至 16.4，表明 POM-5ox 能够和纸浆中的木素发生反应。POM-5 在施加电流而不加支持电解质的情况下对浆进行处理时，卡伯值由原浆的 17.3 下降至 16.0，仅使用 POM-5 时，卡伯值也有所下降，由 16.4 下降至

16.0，这说明电流的加入，能够起到一定的效果，但不明显，其原因是电解液中导电离子的浓度较小，从而使得电流较小，限制了POM-5ox在阳极上的产生速度。 在电解液中添加Na_2SO_4作为支持电解质后，处理效果明显增加，处理后卡伯值降至13.3，但浆的黏度也有一定程度的下降。 支持电解质的加入，有效地促进了反应的进行。 值得指出的是，POM和Na_2SO_4共同处理纸浆时，卡伯值也有所下降，这是POM的作用。 此外，在除POM+电流+Na_2SO_4试验之外的其他方案中，黏度基本没有变化。

表6-15　不同条件下$Na_8[PMo_7V_5O_{40}]$电化学介体脱木素效果比较

处理方法	原浆	POM	电流	Na_2SO_4	Na_2SO_4+电流	POM+电流	POM+Na_2SO_4	POM+电流+Na_2SO_4
卡伯值	17.3	16.4	17.0	17.0	16.8	16.0	16.5	13.3
黏度/(cm^3/g)	1018	1009	1010	1015	1016	1006	1008	943

注：POM-5在电解液中的浓度均为2mmol/L，Na_2SO_4在电解液中的浓度为0.1mol/L，电压调节为3.0V，pH为2.0，温度50℃，时间4 h。 pH用硫酸进行调节。

　　POM-5为介体的电化学方法能够有效脱除纸浆中的残余木素，但在降低卡伯值的同时，黏度也有所下降。

　　3. POM-5为介体的电化学脱木素的影响因素

　　（1）POM-5介体用量　介体用量对电化学介体脱木素的最终效果有着至关重要的作用。 增加介体用量，介体在电解液中的浓度增加，介体与电极板的接触机会增多，从而能够提高电流效率，缩短反应时间[6]。 图6-57表明，POM-5用量的增加，卡伯值和黏度逐

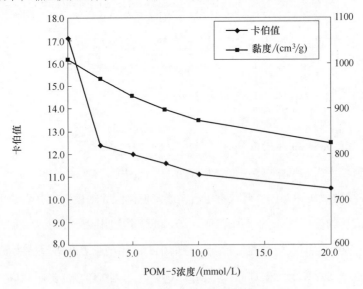

图6-57　POM-5浓度对脱木素的影响

（3.0V，50℃；5h，pH2.0，Na_2SO_4 0.1mol/L）

渐降低。 卡伯值在 POM-5 浓度由 0 增加到 2.5mmol/L 时下降幅度较大，由 17.1 下降至 12.8，黏度下降较少，由最初的 $1008cm^3/g$ 下降至 $948cm^3/g$。 继续增加用量，卡伯值下降幅度减小，黏度损失增大，因此，POM-5 用量为 2.5mmol/L 较为适合。

（2）电压　电化学漂白过程中，要使还原态的介体在阳极板上被氧化为氧化态，就必须在阴阳极之间施加一定的电压，从而使阳极上具有一定的电极电位。 只有当阳极上的电极电位高于介体的氧化电势时，介体才能够被氧化，但若电极电位过高，在阳极上会出现析氧反应，同时介体也易被氧化降解。 因此，控制一定的电压或阳极的电极电位，是实现介体持续脱木素的关键。 图 6-58 表明，电压低于 1.5V 时，浆的卡伯值和黏度基本没有变化；电压为 2.0~2.5V 时，具有较好的脱木素效果，卡伯值明显下降，黏度也有所降低；继续增加电压，卡伯值和黏度又有所升高。 其原因是，过高的电压造成的阳极析氧反应使得阳极上形成了一层"气帘"，POMred 不能充分与阳极接触而被氧化为 POMox。 另外，过高的电极电位也会使 POM 的结构发生变化，失去传递电子的能力。

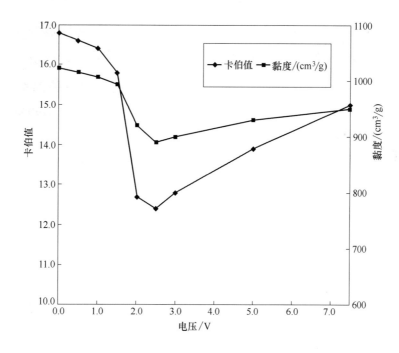

图 6-58　电压对脱木素的影响

（POM-5 2.5mmol/L,50℃,5h,pH 2.0,Na_2SO_4 0.1mol/L）

（3）时间　处理时间增加，浆的卡伯值和黏度逐渐下降，当处理时间低于 5h 时，浆的卡伯值下降幅度较大，而黏度相对保持在较高水平，如图 6-59 所示。 当处理时间延长至 10h 后，卡伯值下降幅度减小，而黏度下降较快，基本呈直线下降。 值得指出的是，当处

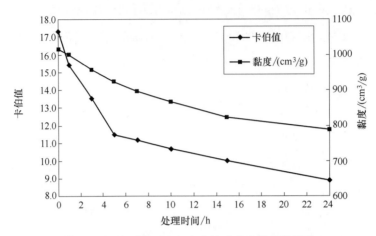

图 6-59　处理时间对电化学介体脱木素效果的影响

理时间为 24h 时，卡伯值降至 8.9，进一步延长处理时间，卡伯值仍会下降，黏度也会下降。

（4）温度　如图 6-60 所示，提高温度，浆的卡伯值和黏度逐渐降低。温度在 70～90℃时，卡伯值降低比较明显，黏度降低不大，而当温度超过 90℃时，黏度随着温度的升高而明显下降。温度为 90℃时，黏度为 878cm³/g，而温度为 95℃时，黏度降为 823cm³/g。这是因为在酸性条件下，浆中碳水化合物发生酸性水解的速率随温度的升高而增加[7]。因此，温度不宜过高，尽量不要超过 90℃，否则碳水化合物会发生较严重的降解。

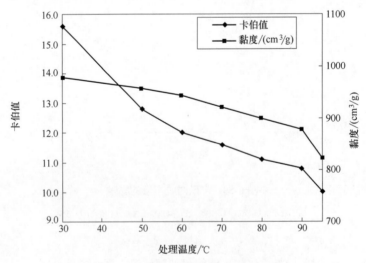

图 6-60　处理温度对脱木素效果的影响

（POM-5 2.5mmol/L, 2.5V, 5h, pH2.0, Na₂SO₄ 0.1mol/L）

（5）pH　电解液 pH 在 2.0～5.0 范围内变化时，对最终脱木素效果影响不大，而黏度在该范围内，随着 pH 的升高有所增加，如图 6-61 所示。 pH 超过 5.0 时，脱木素效果下降，卡伯值有较大程度的升高。 这是因为 POM-5 在 pH 2.0～5.0 范围内是稳定的，当超出该范围时，其结构会发生变化，失去其特有的性质。

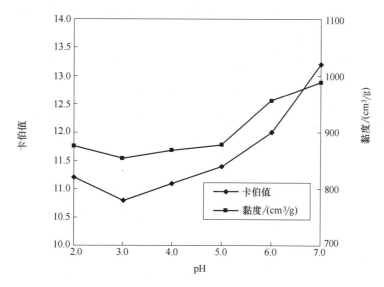

图 6-61　不同 pH 对脱木素效果的影响

（POM-5 2.5mmol/L, 2.5V, 80℃, 5h, Na$_2$SO$_4$ 0.1mol/L）

（6）循环次数　为验证 POM-5red 能被重新氧化为 POM-5ox，对处理后废液进行了循环使用。 随着循环次数的增加，处理后浆的卡伯值有所升高，黏度有所增加。 当循环至 4 次时，浆的卡伯值由 0 次的 11.0 增加到 12.6，黏度由 856cm^3/g 增加到 935cm^3/g，如表6-16 所示。 在循环使用的过程中，部分 POM-5 发生了氧化降解，从而不能够起到电子转移的作用。 废液进行循环使用时，仍具有较好的脱木素效果，表明还原态的 POM-5 能够被重新氧化为氧化态，达到脱木素的效果。

表6-16　不同循环次数对电化学介体脱木素处理效果的影响

循环次数	0	1	2	3	4
卡伯值	11.0	11.4	11.7	12.1	12.6
黏度/（cm^3/g）	856	867	889	894	935

注：条件：电压 2.5V，POM 2.5mmol/L，5h，80℃，pH 3.0，Na$_2$SO$_4$ 0.1mol/L。 原浆卡伯值 17.3，黏度 1018cm^3/g。

4. 高卡伯值化学浆 POM-5 电化学介体脱木素效果

（1）不同处理时间下电化学介体脱木素效果　针对高卡伯值（卡伯值24.3）的浆料，

POM-5 为介体的电化学脱木素体系仍具有较好的脱木素效果。延长处理时间，木素脱除率逐渐增加。在电化学处理的前期，木素的脱除较快，表现为卡伯值下降幅度较大，当处理时间超过 5h 后，木素的脱除变得缓慢，由 5h 延长至 8h 时，其卡伯值仅从 14.2 下降至 13.6，如表 6-17 所示，当木素脱除至一定时间后，继续延长时间，虽能提高木素的脱除率，但效果不明显。纸浆的黏度随着处理时间的延长，表现为逐渐下降的趋势，处理时间越长，黏度下降越多。因此，应在脱除木素的同时尽量缩短处理时间，以保证较高的纸浆黏度。电化学处理后浆的白度有所增加，后续碱处理能进一步提高浆的白度。

表6-17 不同处理时间电化学介体脱木素效果

时间/h	1.0	2.0	3.0	4.0	5.0	8.0
E_M 段后卡伯值	19.3	16.9	15.8	14.9	14.2	13.8
$E_M E$ 段后卡伯值	16.9	15.0	14.3	12.8	12.1	11.7
$E_M E$ 段后木素脱除率/%	31.3	39.0	41.8	48.0	50.8	52.4
E_M 段后黏度/(cm^3/g)	1085	996	974	950	932	890
$E_M E$ 段后黏度/(cm^3/g)	1094	1012	987	956	841	901
E_M 段后白度/% ISO	31.9	32.7	33.0	33.5	34.6	35.6
$E_M E$ 段后白度/% ISO	35.1	36.5	37.1	37.8	38.8	39.6

注：电压 2.5V，温度 80℃，介体 2mmol/L，浆浓 1%，pH3.0。

（2）不同介体浓度下高卡伯值浆电化学介体脱木素效果 介体浓度对高卡伯值浆电化学脱木素的影响如表 6-18 所示。随着介体浓度的增大，脱木素效果增强，木素脱除率升高，但当介体浓度由 4mmol/L 增加到 6mmol/L 时，其卡伯值降低幅度有所减小。表明进一步增加介体浓度仍可促进木素的脱除，但卡伯值的降低幅度较小。随着介体浓度的增大，浆的黏度变化不大。白度随着介体浓度的增加逐渐升高。

表6-18 POM-5 浓度对高卡伯值杨木浆电化学脱木素的影响

POM-5 浓度/（mmol/L）	2.0	4.0	6.0
E_M 段后卡伯值	15.4	14.8	13.9
$E_M E$ 段后卡伯值	12.8	12.0	11.5
$E_M E$ 段后木素脱除率/%	48.0	51.2	53.2
E_M 段后黏度/(cm^3/g)	954	965	952
$E_M E$ 段后黏度/(cm^3/g)	958	972	944
E_M 段后白度/% ISO	33.5	33.8	34.2
$E_M E$ 段后白度/% ISO	37.8	38.0	38.8

注：电压 2.5V，温度 80℃，时间 5h，浆浓 1%，pH3.0。

（3）不同温度下高卡伯值浆电化学介体脱木素效果　温度对高卡伯值杨木浆电化学介体脱木素效果如表6-19所示。温度升高，脱木素效果逐渐增强，温度由80℃升高到90℃时，卡伯值由15.0降至13.9，黏度降低不大，继续升高温度，卡伯值有较大程度的下降，但黏度也有很大程度的下降。

表6-19　温度对高卡伯值杨木浆电化学脱木素的影响

温度/℃	50	70	80	90	95
E_M 段后卡伯值	19.4	17.7	15.0	13.9	13.0
$E_M E$ 段后卡伯值	17.1	15.4	12.5	11.6	11.0
$E_M E$ 段后木素脱除率/%	30.5	37.4	49.2	52.8	55.3
E_M 段后黏度/(cm^3/g)	1085	1008	963	950	887
$E_M E$ 段后黏度/(cm^3/g)	1074	1012	975	956	891
E_M 段后白度/% ISO	31.9	32.6	33.6	34.0	34.3
$E_M E$ 段后白度/% ISO	32.6	36.3	37.5	38.2	38.6

注：电压2.5V，POM-5浓度4mmol/L，时间5h，浆浓1%，pH3.0。

5. 不同卡伯值杨木KP浆POM电化学介体脱木素效果

不同卡伯值的三倍体毛白杨KP浆的POM电化学介体脱木素结果如表6-20所示。

表6-20　不同卡伯值杨木浆POM电化学介体脱木素效果

蒸煮方法	常规 KP 浆				EMCC 浆	
卡伯值	15.2	17.3	19.4	24.6	12.8	17.4
E_M 段后卡伯值	8.9	11.4	13.1	13.9	7.5	10.8
$E_M E$ 段后卡伯值	7.8	9.6	11.1	12.0	5.8	8.6
$E_M E$ 段后木素脱除率/%	48.7	44.5	42.8	51.2	54.7	50.6
原浆黏度/(cm^3/g)	1073	1018	1137	1155	1076	1144
E_M 段后黏度/(cm^3/g)	903	867	949	950	934	999
$E_M E$ 段后黏度/(cm^3/g)	915	879	965	972	964	1033
$E_M E$ 段后黏度损失率/%	14.7	13.6	15.1	15.8	10.4	9.7
原浆白度/% ISO	38.7	31.4	36.2	30.9	42.9	39.2
E_M 段后白度/% ISO	41.2	32.5	39.5	34.1	44.3	40.4
$E_M E$ 段后白度/% ISO	43.4	42.7	41.6	38.9	46.3	43.2

注：电压2.5V，POM-5浓度4mmol/L，时间5h，浆浓1%，pH3.0。

具有不同卡伯值的杨木KP浆，不论是常规蒸煮还是深度脱木素蒸煮，进行电化学介体脱木素时，均具有较好的木素脱除效果。经后续E段处理后，其木素脱除率均超过40%，最高者接近55%。浆的黏度在处理过程中，损失较小，为16%以内。表明POM为介体的电化学脱木素方法具有较好的木素脱除选择性。经电化学介体处理后，浆的白度均有所增加，后续碱处理能进一步提高浆的白度，有效促进木素的脱除，而对浆的黏度影响不大。

比较常规 KP 浆和深度脱木素蒸煮 KP 浆的处理结果发现，采用深度脱木素技术制得的 EMCC 浆具有更高的木素脱除率，同时其黏度损失低于常规 KP 浆，基本处于 10% 以内，而常规 KP 浆的黏度损失在 10% ~ 15%。表明 POM 为介体的电化学脱木素方法对于 EMCC 浆具有更好的脱木素效果。

6. 有/无隔膜电化学介体脱木素效果

对 VIO 和 POM 电化学介体脱木素体系进行有/无隔膜的脱木素反应。浆料采用 EMCC 蒸煮所得浆，卡伯值为 17.4，黏度为 1144cm³/g，白度为 39.2% ISO。两种体系均采用介体浓度均为 2mmol/L，电压为 2.5V，pH 为 3.0，浆浓为 1%，时间为 4h，温度为 90℃（POM）和 50℃（VIO）的工艺条件，钌钛涂层为阳极，不锈钢板为阴极。隔膜为阳离子交换膜。图 6-64 所示木素脱除率均为经 E_ME 处理后浆的木素脱除率。

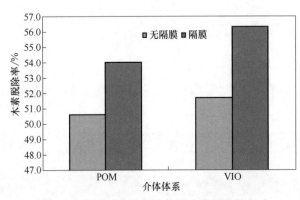

图 6-62　隔膜对电化学介体脱木素效果的影响

图 6-62 表明，隔膜电化学介体脱木素体系具有较好的木素脱除效果，处理后浆料木素脱除率均高于相应的无隔膜电解法。在 POM 体系中采用隔膜的作用不及在 VIO 体系中采用隔膜的作用好。POM 体系中，添加隔膜后，木素脱除率升高了 3.6%。在 VIO 体系中采用隔膜后，木素脱除率较无隔膜时升高了 4.6%。在相同电解法中，两种介体体系的脱木素效果相比，以 VIO 体系略优于 POM 体系，其脱木素率高出 1% ~ 2%。

在电化学介体脱木素中采用隔膜电解槽能起到促进木素脱除的作用。

第五节　多金属氧酸盐为介体的电化学脱木素机理

一、酚型木素模型物在 POM 电化学介体脱木素体系中的反应途径

采用图 6-37 所示的化合物 I（香草醇）和化合物 II（藜芦醇），分别代表酚型木素结构单元和非酚型木素结构单元，用于 POM 电化学介体脱木素体系。

图 6-63 中所示各产物可知，模型物 I 与 POM_{ox} 发生反应，主要改变了 C_α 上的基团结

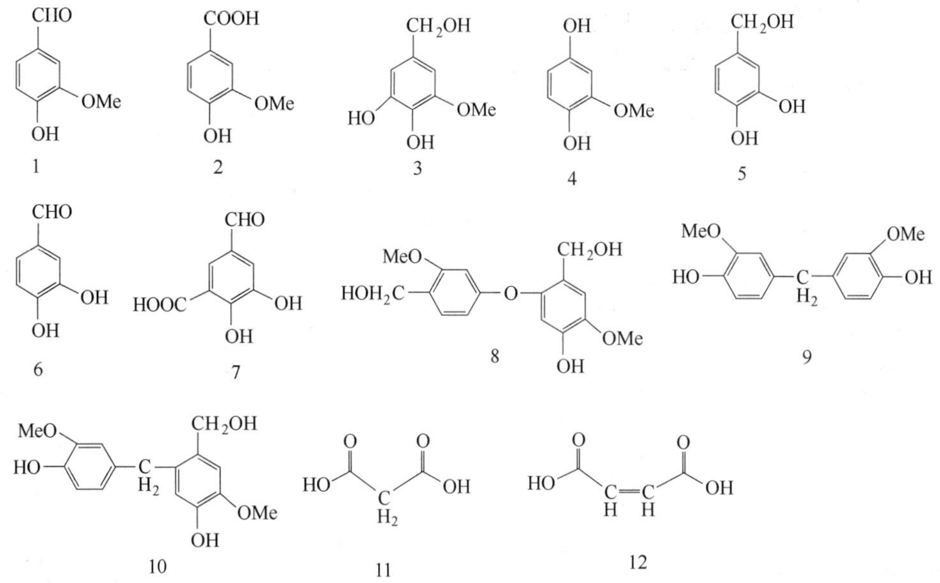

图6-63 模型物Ⅰ在POM电化学介体脱木素体系中的反应产物

构，生成了具有C_α羧基的香草醛（产物1）和香草酸（产物2）。 少量产物在苯环上引入了羟基基团，如产物3、5。 反应过程中发生了α-碳消除反应和脱甲氧基反应，如产物4和6。 产物8、9、10很明显是由酸催化缩合反应造成的。 比较模型物Ⅰ与POM_{ox}和模型物Ⅰ与VIO·的反应产物可以发现，模型物Ⅰ与POM_{ox}反应产物中没有出现自由基二聚体产物，这说明模型物Ⅰ与POM_{ox}的主反应并非是自由基反应，但产物7的存在并非是酸催化导致的结果。 因此认为，POM_{ox}与模型物Ⅰ的反应很可能是离子自由基反应。 木素模型物Ⅰ与POM-5_{ox}反应后所得产物中产物1最为丰富，产物2次之，产物3、5量更少，产物4,6-12为微量。

其反应可能存在的路径如图6-64所示，模型物Ⅰ与POMox发生反应时，首先丢失一个电子，本身变为离子自由基形式（图6-64中A所示），紧接着失去一个氢离子变为自由基形式B，自由基B发生自身聚合反应产生二聚体结构，经POM_{ox}氧化断裂后生成产物7，进一步发生氧化反应。 B经POM_{ox}再次氧化，失去一个电子，形成苯环正离子结构C，C具有三种共振结构式D、E和F。 在D路径中，由于1位碳原子上带有正电性，通过引入具有亲核性的OH^-，然后再经脱水、烯醇结构变换生成产物1，产物1再经氧化转变为产物2，然后被进一步氧化。 在D路径中，当1位碳原子受到羟基进攻时，部分单元会发生脱α-碳反应，生成产物4，为对酚结构。 在该路径中值得指出的是，产物1的生成也很有可能是通过产物D直接进行脱质子反应完成的。 路径F中，由于碳正离子的位置为碳3位，且该位置连有甲氧基，因而在受到亲核试剂的攻击时，容易造成甲基的脱除，形成产物5。

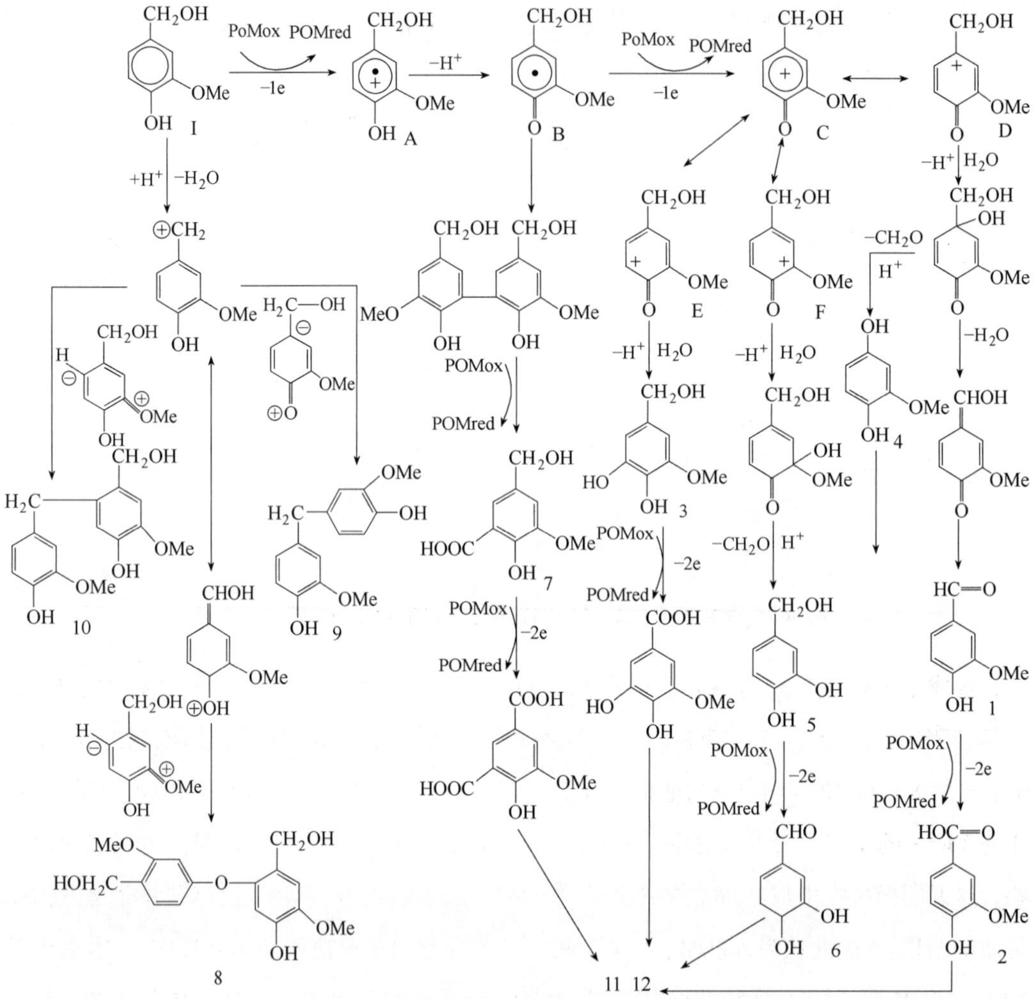

图 6-64　模型物 I 与 POM$_{ox}$ 的反应路径

5 再经 POM$_{ox}$ 氧化生成相应的醛或羧酸，然后继续被氧化至小分子物质。路径 E 中，由于碳正离子位于 5 位碳原子上，该位置无其他基团，因而很容易地受到亲核试剂的攻击，向苯环上引入羟基基团，生成产物 3，进一步被氧化生成相应的醛或羧酸，继而被氧化成较低分子量物质。由于模型物 I 在酸性条件下能够形成 C$_\alpha$ 正离子形式，并可互换形成酚氧正离子形式，容易与具有亲核性的部位发生缩合反应，形成缩聚物，如产物 8、9、10，均为酸催化缩聚的结果。

与 VIO 体系不同，模型物 I 与 POM$_{ox}$ 发生的反应，属于离子自由基反应，反应过程中主要形成苯环正离子，而后通过亲核试剂的攻击，发生结构变化，在 C$_\alpha$ 位形成共轭羰基，或在苯环上引入羟基基团，部分反应中发生脱甲基和 α-碳消除反应。反应过程中形成的自由基缩合物能够在后续反应过程中发生断裂。酸催化缩合是形成缩合物的主要原因。

二、非酚型木素模型物在 POM 电化学介休脱木素体系中的反应途径

非酚型木素单元模型物Ⅱ（藜芦醇）与 POM_{OX} 发生反应，产物如图 6-65 所示。 图中产物 1 最为丰富，2 次之，产物 3、4、5、6 为微量，产物 7、8、9 为痕迹量，10、11 为微量。

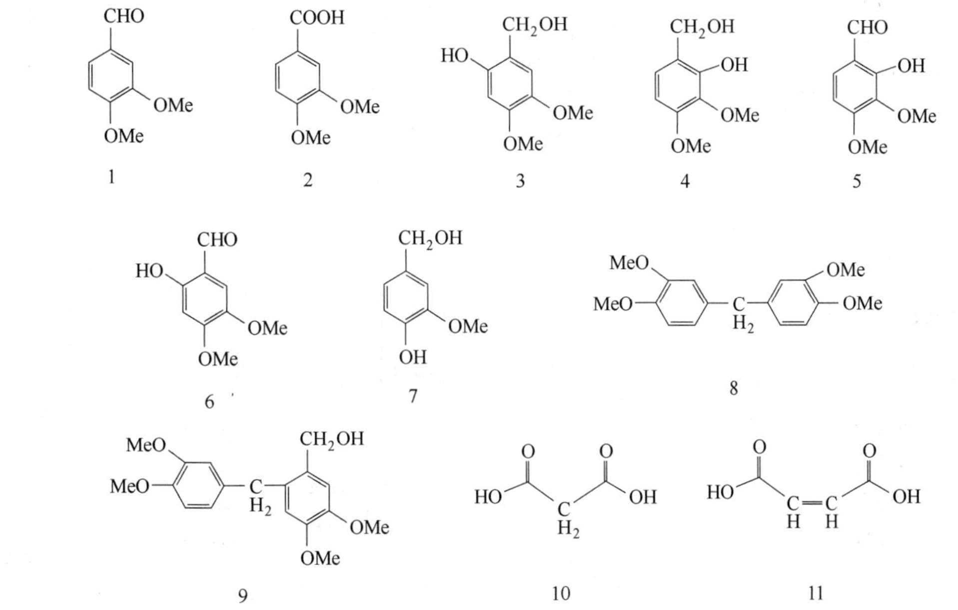

图 6-65　模型物Ⅱ与 POM_{OX} 反应产物

图 6-65 表明，模型物Ⅱ与 POM_{OX} 发生反应后，α-醇羟基大部分转变为了醛基或羧基，部分单元在苯环的 2 位和 6 位碳上引入了羟基，很少量的单元出现了脱甲基反应。 二聚体 8、9 的存在表明，酸催化缩合为该反应体系中单元之间发生缩合的主要原因。 与模型物Ⅰ的结果有所不同的是，未检测到自由基聚合产物及聚合产物的降解产物，这表明，在非酚型单元反应中自由基聚合发生的概率很小。 水相中低分子量羧酸类物质的存在，表明反应中发生了深度氧化。

模型物Ⅱ与 POM_{OX} 发生反应的路径如图 6-66 所示。

如图 6-66 所示，模型物Ⅱ与 POM_{OX} 发生反应时，与模型物Ⅰ类似，首先丢失一个电子，形成离子自由基形式 A，紧接着脱除一个氢离子形成自由基 B，进一步被氧化失去一个电子，形成正离子 C。 正离子 C 具有 D、E、F、G 四种共振体结构。 D 路径和 E 路径中，由于正离子所处位置没有其他基团连接，很容易受到亲核试剂 OH^- 的攻击，而在苯环上引入羟基基团，生成产物 4 和 3，苯环羟基的引入能够增加模型物单元的反应性。 4 和 3 再进一步被氧化，使 α-醇羟基转变为醛基，生成产物 5 和 6，5 和 6 再被氧化生成羧酸形式，继

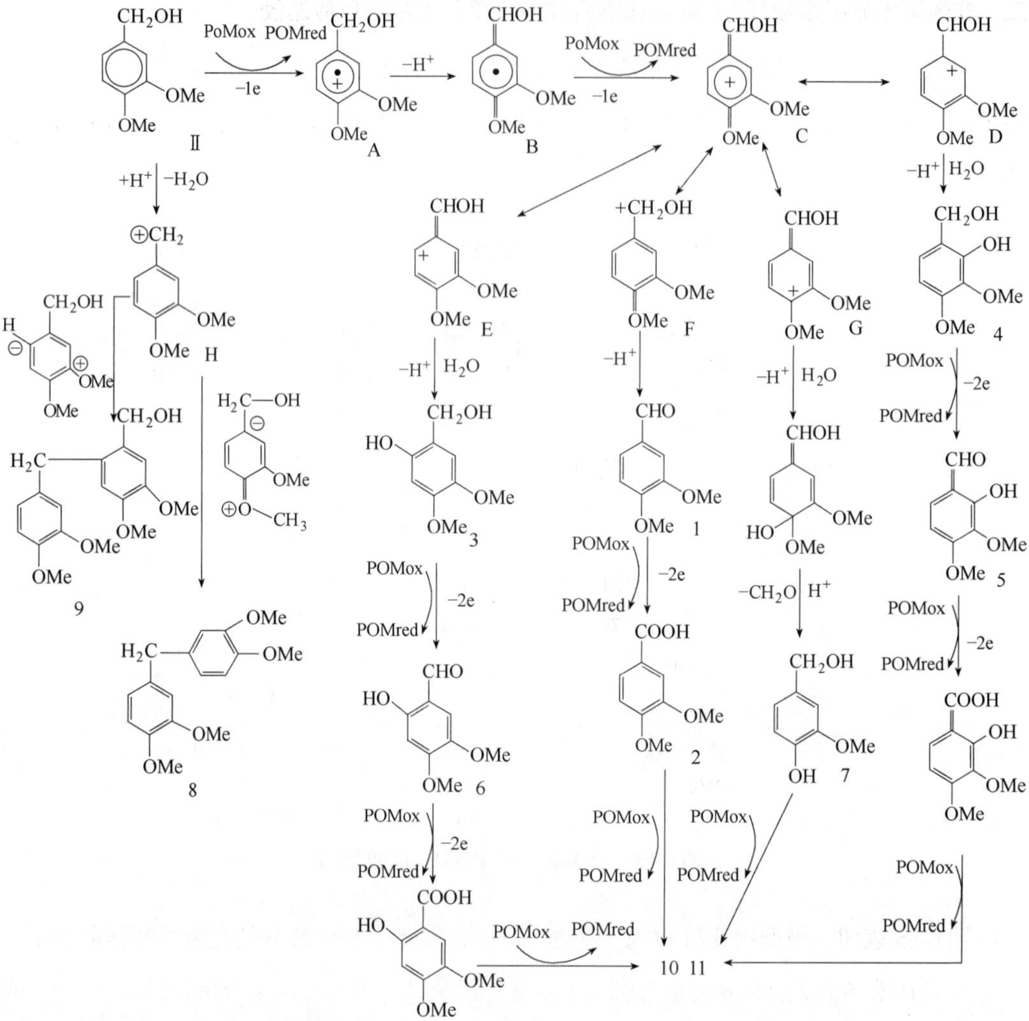

图 6-66　模型物 Ⅱ 与 POM$_{ox}$ 反应路径

而被深度氧化至小分子量物质。　路径 F 中，正离子处于 α-碳原子上，首先发生质子消除反应，使醇羟基转变为醛基，生成产物 1，然后 1 再度被氧化转变为 2。　由产物在最终产物中的量可知，该路径为反应中的主要发生路径。　路径 G 中，碳正离子处于苯环 4 位，因该位置连有甲氧基，因此，在该位置受到亲核试剂攻击时容易产生甲基的脱除反应，生成产物 7。　在此值得指出的是，该甲基的脱除反应也很有可能是受到多金属氧酸盐阴离子的攻击造成的。　由产物 7 的微量存在，说明 G 路径反应较少，即甲基的脱除有一定难度。　如同模型物 Ⅰ 与 POM$_{ox}$ 的反应一样，模型物 Ⅱ 在该体系中，存在酸催化缩合现象。　首先是通过佯盐形式转变为 H 所示的碳正离子，然后与具有亲核性部位发生连接，形成缩合产物，如产物 8 和 9 所示。

　　非酚型木素模型物 Ⅱ 与 POM$_{ox}$ 反应时，发生离子自由基反应，最终在 C$_\alpha$ 上形成共轭羰基结构，且部分单元在苯环上引入了羟基基团，少量单元发生脱甲基反应，部分产物能够被深度氧化为小分子羧酸类物质。酸催化缩合反应是该反应体系中产生二聚体缩合物的主要原因。

　　模型物 I 的转化率为 95% 左右，而模型物 II 的转化率为 50% 左右，因此，模型物 I 具有更好的反应性。

　　由模型物 I 和 II 与 POM-5$_{OX}$ 的产物及反应路径的分析可知，在该反应体系中，酚型与非酚型单元模型物均能与 POM-5$_{OX}$ 发生反应，该反应为离子自由基反应。酚型和非酚型均首先形成离子自由基形式，继而转变为自由基形式，进一步被氧化成为正离子，然后再继续发生发应。

第六节　电化学介体脱木素过程中纸浆中木素结构变化

一、浆中残余木素的相对分子质量变化

　　VIO 介体体系及 POM 介体体系中处理前后浆中残余木素相对分子质量分布及相对分子质量大小的变化如表 6-21 及图 6-67 至图 6-68。

表 6-21　电化学介体脱木素处理前后浆中残余木素相对分子质量变化

	数均相对分子质量 Mn	质均相对分子质量 Mw	多分散性 Mw/Mn
原浆残余木素	4097	5007	1.22
VIO 体系处理浆残余木素	4590	6204	1.35
POM 体系处理浆残余木素	3489	4505	1.29

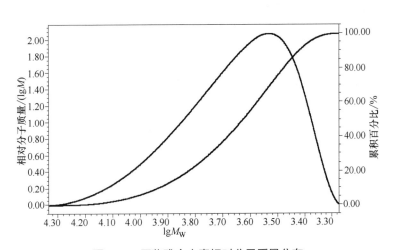

图 6-67　原浆残余木素相对分子质量分布

　　原浆经 VIO 为介体的电化学介体脱木素体系进行处理后，浆中残余木素的数均相对分

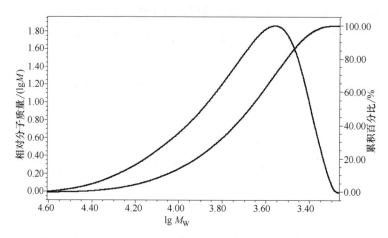

图 6-68　VIO 介体体系处理后残余木素相对分子质量分布图

子质量和质均相对分子质量均有一定程度的升高，升高幅度分别为 12.0% 和 23.9%，且处理后残余木素的多分散性有所增加。 表明在 VIO 为介体的脱木素体系中，小相对分子质量木素发生了较多的脱除。 在木素大分子降解的过程中木素单元之间发生了缩合反应。

POM 体系处理前、后浆中残余木素相对分子质量及相对分子质量分布变化表明，经 POM 体系处理后浆中残余木素的数均相对分子质量和重均相对分子质量均下降，下降幅度分别为 14.8% 和 10.0%，多分散性有所增加。 表明在 POM 体系电化学处理过程中，浆中残余木素发生了降解，向小相对分子质量区域分布较多。 POM 体系中发生的是离子自由基反应，木素单元间很少发生缩合反应，即使缩合后也可被打开，只有酸催化缩合的少量产物存在。

电化学介体脱木素能够使部分木素发生溶出，苯环有所开裂。 VIO 为介体的电化学脱木素体系中以紫丁香型木素单元的溶出相对较多，而 POM 为介体的电化学脱木素体系中以愈创木基型木素单元的溶出相对较多。

二、纸浆中残余木素的红外光谱分析

利用傅立叶红外光谱对杨木 KP 浆残余木素、VIO 为介体的电化学脱木素浆残余木素以及 POM 为介体的电化学脱木素浆残余木素进行了分析，各残余木素的红外光谱图如图 6-69、图 6-70 所示，各残余木素的红外光谱特征及对应结构见表 6-22。

红外光谱中各浆残余木素在 2850cm^{-1} 和 2920cm^{-1} 处的吸收峰代表甲基、亚甲基的 C—H 振动，观察该两处吸收峰在电化学介体脱木素处理前后的变化可知，处理后甲基、亚甲基的相对含量有所增加，这与木素侧链双键的断裂有关。 图 6-69、图 6-70 及表 6-22 表明，未进行电化学介体脱木素浆中残余木素及脱木素后浆中残余木素均在 1600cm^{-1}、1510cm^{-1} 及 1424cm^{-1} 左右出现了苯环骨架振动的特征吸收峰，表明处理前后木素的苯环骨架结构变化不大。 其中 1510～1514cm^{-1} 的吸收峰是仅由木素中苯环的骨架振动产生的，但苯环上取代基的不同对苯环骨架振动吸收峰的位置会有所影响，愈创木基型木素的吸收波数会大于紫丁香型木素单元，也就是说紫丁香基含量越高，吸收峰的波数越偏小。 由表 6-22 可知，在此区间内，各残余木素的最大吸收波数有所不同。 残余木素 A、B 在 1514cm^{-1} 处出现最大吸收，而 C 在 1510cm^{-1} 处出现最大吸收，表明木素 C 中含有较多的紫丁香型木素单元，即在 POM 为介体的电化学脱木素过程中，愈创木基型结构单元溶出相对较多。

表 6-22　残余木素红外光谱特征及对应结构[8, 9]

波数 ν/cm^{-1}	相应结构	残余木素 A		残余木素 B		残余木素 C	
		ν/cm^{-1}	A_i/A_{1514}	ν/cm^{-1}	A_i/A_{1514}	ν/cm^{-1}	A_i/A_{1514}
3398～3420	O—H 伸缩振动	3420	0.999	3412	1.422	3398	1.320
2919～2927	C—H 伸缩振动，CH, CH$_2$	2919	0.812	2927	0.860	2923	0.932
2849～2854	C—H 伸缩振动，CH, CH$_2$	2849	0.585	2854	0.575	2854	0.652
1713～1717	C=O 伸展振动，非共轭羰基或羧基	1713	0.515	1717	0.898	1717	0.727
1656～1661	C=O，共轭	1661	0.641	1656	1.414	1661	1.221
1596～1600	苯环骨架振动，C=O 伸缩振动	1600	0.801	1596	0.943	1600	0.933
1510～1514	苯环骨架振动	1514	1.000	1514	1.000	1510	1.000
1458～1462	C—H，非对称振动（脂肪族）	1462	0.918	1458	0.860	1462	0.890
1424	苯环振动，加 C—H 面内振动	1424	0.762	1424	0.733	1424	0.830
1367～1380	芳环 O—H 振动，脂肪族 C—H 变形	1367	0.577	1380	0.644	1376	0.699
1328～1332	苯环骨架振动，紫丁香型，缩聚愈创木基	1328	0.719	1332	0.695	1328	0.760
1264～1268	C—O 伸展，芳环甲氧基	1268	0.848	1264	0.793	1268	0.864
1216～1225	紫丁香型 C—O 伸缩振动	1216	0.978	1224	0.851	1224	0.866
1121～1125	C—H 苯环，紫丁香型	1121	1.005	1125	0.949	1121	1.074
1034～1038	C—O 变形（伯醇羟基和甲氧基）	1034	0.667	1038	0.630	1034	0.895
866～878	C=C，脂肪族	866	0.117	866	0.043	878	0.067

注：A—未进行电化学介体脱木素浆残余木素；B—VIO 为介体的电化学脱木素浆残余木素；C—POM 为介体的电化学脱木素浆残余木素。

红外光谱中各残余木素在 1713～1717cm^{-1} 范围内的吸收为非共轭羰基或羧基中的 C=O 伸展振动。 与电化学处理前残余木素在该处的相对吸收强度比较，处理后，不论是 VIO 体系还是 POM 体系，均表现为增加，表明处理后各残余木素中的羧基及非共轭羰基增多。 1661cm^{-1} 处的吸收是由木素中具有对位取代基的共轭芳香酮产生的。 原浆残余木素 A 与电化学介体脱木素后浆中残余木素 B 和 C 在该处相对吸收的变化表明，在两种介体体系中，

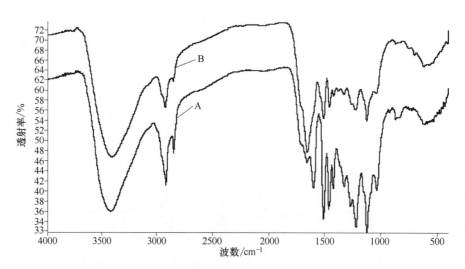

图 6-69　VIO 介体电化学脱木素前、后浆中残余木素红外光谱图

A—未电化学脱木素浆残余木素　　B—VIO 介体电化学脱木素浆残余木素

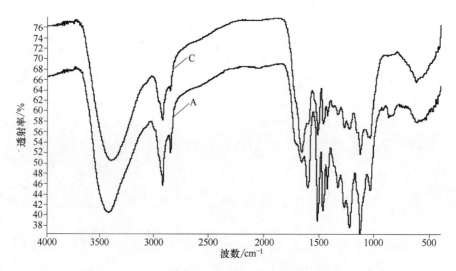

图 6-70　POM 介体电化学脱木素前、后浆中残余木素红外光谱图

A—未电化学脱木素浆残余木素　　C—POM 介体电化学脱木素浆残余木素

经电化学脱木素后，浆中残余木素的共轭羰基均明显增多，这说明浆中木素在电化学介体脱木素处理中，木素侧链 C_α 位羟基被氧化，生成 C_α 羰基结构。研究表明[10]，具有 C_α 羰基结构的木素经碱处理会发生 C_α—C_β 的断裂，产生醛基或羧基，引起木素降解。由过氧化氢漂白的相关机理可知，含有 C_α 羰基结构的木素单元在漂白过程中具有很好的反应性，易于使侧链断开并导致芳香环氧化破裂，从而提高浆的白度。对电化学脱木素浆不进行碱抽提，直接进行螯合处理和过氧化氢漂白能使浆具有较高白度。

红外光谱中 1460cm^{-1} 左右的吸收峰是脂肪族非对称 C—H 的振动吸收。 处理后该处相对吸收强度下降，表明在经电化学处理后，木素侧链部分发生了结构变化。

代表苯环 O—H 振动和脂肪族 C—H 振动的 1367～1380cm^{-1} 吸收峰变化表明，在电化学介体脱木素中，木素单元间的连接发生了断裂，出现了更多的木素侧链和游离酚羟基。

反映紫丁香型木素苯环骨架吸收的 1264～1268cm^{-1} 吸收峰吸收波数及反映紫丁香型苯环 C—H 吸收的 1121～1125cm^{-1} 吸收峰吸收波数的变化表明，对于 VIO 体系，脱木素后浆中残余木素 B 在该两处吸收区间内的吸收波数均大于原浆残余木素 A 的最大吸收波数，因为愈创木基型木素单元的吸收波数大于紫丁香型木素单元的吸收波数，所以，残余木素 B 中含有相对较多的愈创木基木素单元。 在 VIO 电化学介体脱木素过程中，有较多的紫丁香基单元木素进行了脱除，残余木素 B 与残余木素 A 在该两处的相对吸收强度的变化表明，用 VIO 介体电化学脱木素体系对原浆进行处理后，紫丁香型木素单元有所溶出。 对 POM 介体电化学脱木素浆残余木素 C 进行分析，发现经 POM 介体脱木素后，在残余木素 C 中，紫丁香型木素单元含量较多，表明在 POM 介体电化学脱木素过程中愈创木基型木素单元溶出相对较多。

代表紫丁香型木素单元 C—O 振动的 1216～1222cm^{-1} 处吸收峰的变化可知，不论是 VIO 体系还是 POM 体系，表明在反应过程中紫丁香型单元均有所溶出。 两种体系在 866～878cm^{-1} 区间相对吸收强度的减弱说明木素侧链中 C＝C 的减少。

三、残余木素的 ^{31}P-NMR 谱图分析

^{31}P-NMR 谱图中主要显示脂肪羟基、酚羟基和羧基等功能基团，对这些羟基信号区域进行积分，就可以得到积分值，然后根据内标用量，计算出木素中各官能团的含量，单位为 mmol/g，如表 6-23 及图 6-71 所示。

表 6-23　^{31}P-NMR 定量分析三倍体毛白杨木素功能基团及其积分区域

积分区间/ppm	功能基团	积分区间/ppm	功能基团
150.0～145.0	脂肪族羟基	140.2～138.6	愈创木基和脱甲基酚羟基
144.6～143.6 142.4-140.2	缩合酚羟基	138.6～137.0	对-酚羟基
143.6～142.4	紫丁香基酚羟基	136.0～134.0	羧基

图 6-72、图 6-73 表明，三倍体毛白杨 KP 浆及电化学介体处理后各浆中残余木素均具有典型的阔叶木木素的特征谱峰，紫丁香型酚羟基的存在证实了这一点。 由其他各峰可以看出，电化学介体脱木素前、后各残余木素均含有脂肪羟基、缩合酚羟基、愈创木基和脱甲基酚羟基、对酚羟基和羧基。 原浆残余木素与脱木素后残余木素 ^{31}P-NMR 谱峰比较可以发现，脱木素后浆中残余木素各羟基类型没有变化，但其各自的含量大小均有所改变。

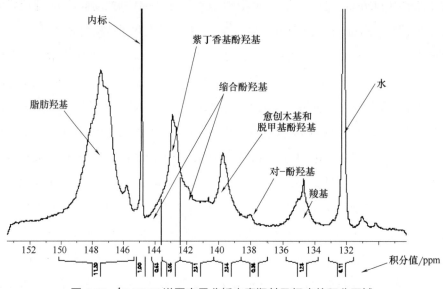

图 6-71　^{1}P-NMR 谱图定量分析木素羟基及相应的积分区域

对于阔叶木而言，木素中紫丁香基酚羟基出现在 143.6～142.4ppm 范围之内，它和缩合酚羟基出现的范围 144.2～140.2ppm 相重叠，因此在积分时，应把紫丁香基从缩合酚羟基中分离出来，从而使缩合酚羟基的积分区域分为 144.2～143.6ppm 和 142.4～140.2ppm 两个积分区间，这一点与针叶木木素^{31}P-NMR 谱图是有所不同的。 三倍体毛白杨 KP 原浆

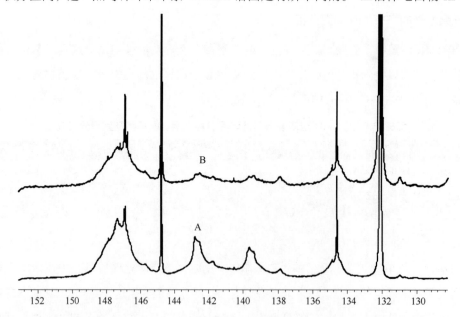

图 6-72　VIO 介体电化学脱木素前、后浆中残余木素^{31}P-NMR 谱图

A—原浆残余木素　B—VIO 介体电化学脱木素后浆残余木素积分值/ppm

及电化学介体处理后各浆残余木素的^{31}P-NMR 谱图如图 6-72、图 6-73 所示。 根据内标浓度所计算的各残余木素相关羟基基团的含量见表 6-24。

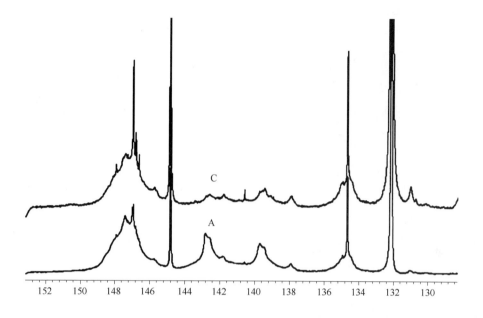

图 6-73 POM 介体电化学脱木素前、后浆中残余木素^{31}P-NMR 谱图

A—原浆残余木素 B—POM 介体电化学脱木素后浆残余木素积分值/ppm

表 6-24 电化学介体脱木素前、后各浆中残余木素^{31}P-NMR 谱图各羟基含量

单位：mmol/g

编号	脂肪羟基	缩合酚羟基	紫丁香基酚羟基	愈创木基和脱甲基酚羟基	对酚羟基	总酚羟基	羧基
木素 A	2.387	0.715	0.592	0.577	0.168	1.989	0.536
木素 B	3.489	0.791	0.379	0.401	0.274	1.845	1.042
木素 C	4.548	0.842	0.351	0.717	0.229	2.139	1.440

注：木素 A—原浆残余木素；木素 B—VIO 介体电化学脱木素后浆残余木素；木素 C—POM 介体电化学脱木素后浆残余木素。

表 6-24 中各残余木素^{31}P-NMR 谱图羟基基团定量分析表明，经电化学介体脱木素处理后，残余木素中脂肪羟基的含量明显升高，VIO 体系由原浆残余木素的 2.387mmol/g 升高到 3.489mmol/g，升高了 46.2%；POM 体系则升高到 4.548mmol/g，升高了 90.5%。 这表明在电化学处理中木素侧链结构发生了变化，引入了较多的羟基基团。 另外，脂肪羟基的增多与木素间连接键的断裂也有一定关系，脂肪羟基含量的升高，也反映了木素结构中侧链上连接键的断裂增多。 两种介体体系残余木素缩合酚羟基含量的变化表明，脱木素后残余木素中缩合酚羟基的含量略有增大，这是因为非缩合木素溶出较多，使得残余木素中缩

合木素的含量相对较多引起的，也有可能是反应过程中在苯环结构上引入了新的酚羟基所致。 紫丁香基酚羟基经电化学介体脱木素处理后，不论是 POM 体系还是 VIO 体系均表现为有所下降，处理过程中酚型紫丁香基相对于非酚型紫丁香基溶出较多。 对于愈创木基和脱甲基酚羟基来说，VIO 体系处理后其含量有所降低，而经 POM 体系处理后其含量增加，这是由反应过程中形成的新的游离酚羟基所致。 对酚羟基经两种体系电化学介体脱木素处理后，其含量均有所提高，表明反应过程中有新的对酚羟基产生。 经 VIO 处理后，浆中残余木素的总酚羟基含量降低，而 POM 处理后，浆中残余木素的总酚羟基含量增加。 电化学介体脱木素处理后，不论是 VIO 体系还是 POM 体系，处理后残余木素中的羧基含量明显升高，VIO 体系和 POM 体系分别升高了 94.4% 和 168.6%。

　　电化学介体脱木素处理后，浆中残余木素的脂肪羟基含量和羧基含量明显升高，缩合酚羟基含量和对酚羟基含量略有增加，紫丁香基酚羟基含量减少，愈创木基和脱甲基酚羟基以及总酚羟基含量，当采用 VIO 体系时其含量略有下降，而采用 POM 体系时其含量有所增加。

第七节　丁香醛为天然介体的电化学脱木素工艺

　　丁香醛是天然植物中普遍存在的小分子酚类化合物，作为电化学脱木素的催化介体，其氧化还原电势在 1.2V 左右，在木素的结构中，不同的芳香结构单元的氧化还原电势大约在 0.45～0.69V，表明丁香醛游离基或中间体具有氧化浆中的残余木素的能力。

　　在丁香醛为天然介体的电化学介体脱木素体系中，阳极的高电势能将丁香醛氧化，使其失去电子形成丁香醛游离基或中间体，丁香醛游离基或中间体深入到纤维内同木素发生一系列反应，在这个反应中，木素被氧化，致使结构发生改变，从而能够达到溶出或易于后续漂白过程中与漂剂反应的目的。 丁香醛游离基或中介体在反应过程中自身被还原而得到电子转变为丁香醛。 阳极再次将丁香醛氧化为丁香醛游离基或中间体，从而使反应循环进行。 阳极也能氧化降解反应中溶出的部分木素，其电化学介体脱木素的原理如图 6-74 所示。

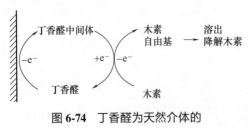

图 6-74　丁香醛为天然介体的电化学脱木素原理简图

一、不同条件下丁香醛电化学介体脱木素效果

　　研究表明，在不使用催化介体及其他反应介质的情况下，仅依靠电解板的氧化作用，无法达到脱除木素的效果[11]。 在电化学介体脱木素时，当反应条件为使用 Na_2SO_4 作为支

持电解质和在反应体系中混入乙醇时，纸浆的卡伯值下降很小，从 18.5 下降到 16.3，如表 6-25 所示。　当反应条件为使用丁香醛作为催化介体物质和在反应体系中混入乙醇时，纸浆的卡伯值下降不明显，从 18.5 下降到 16.4。　当反应条件为使用丁香醛作为天然介体物质并且使用 Na_2SO_4 作为支持电解质，纸浆的卡伯值下降到 14.5。　当反应条件为使用丁香醛作为天然介体物质和在反应体系中混入乙醇且使用 Na_2SO_4 作为支持电解质时，纸浆的卡伯值下降明显，从 18.5 下降到 13.5，在这种条件下，脱木素的效果较好。　纸浆的黏度有所下降，从 1185cm^3/g 下降到 1107cm^3/g，下降幅度较小。

表 6-25　在不同条件下电化学脱木素效果

处理方法	原浆	Na_2SO_4+电流+乙醇	丁香醛+乙醇+电流	丁香醛+电流+Na_2SO_4	丁香醛+乙醇+电流+Na_2SO_4
卡伯值	18.5	16.3	16.4	14.5	13.5
黏度/（cm^3/g）	1185	1160	1121	1152	1107

注：其他工艺条件为：pH 为 4.5，温度 45℃，时间 5.5h。

二、丁香醛为介体的电化学脱木素影响因素

1. 电压

阳极电极电位的大小是由稳压电源提供的电压的高低所决定的。　当阳极的电极电位比介体的氧化电势低时，介体不能被氧化，也就不能产生具有氧化性的中间体或自由基。　只有当阳极的氧化电势高于介体的氧化还原电势的时候，介体物质才能被氧化，产生具有氧化性能的自由基或中间体，从而与木素发生反应。　然而当电压很高的时候，会引起阳极上发生析氧反应，从而使电流的效率降低，同时也会将天然介体氧化使其降解。

在反应介质中混入一定体积的乙醇使丁香醛更好地溶解，丁香醛浓度 1mmol/L，温度 50℃，pH 为 4.5，硫酸钠浓度 0.05mol/L，浆浓 1%，处理时间 5.5h。　纸浆处理前的卡伯值 18.5，黏度 1185cm^3/g。

随着电极板间电压的逐渐增加，经过电化学处理后浆的卡伯值总体上呈现先下降后上升的趋势，如图 6-75 所示。　在电压达到 1.8V 时，纸浆的卡伯值最低达到 13.5，木素脱除率为 27%。　在电压逐渐上升的过程中，电解槽的阳极电极电位慢慢升高，丁香醛自由基或中间体的生成速度提高，从而能很好地促进脱木素的反应进行。　电压继续升高，当阳极电极电位达到析氧电位时，在阳极上就会发生析氧反应，有氧气生成。　在这种情况下，阳极的表面上产生了气体，使电极板表面被气体所包围，影响丁香醛在阳极上的氧化，电流的效率受到影响。　另一方面，丁香醛在较高的电压条件下会发生氧化降解，使部分丁香醛的结构发生变化，使能够参与电化学反应的丁香醛的量减少。　在电压达到 1.2~1.3V 之前，黏度的下降明显，当电压超过 1.8V 时，黏度的值趋于平稳。

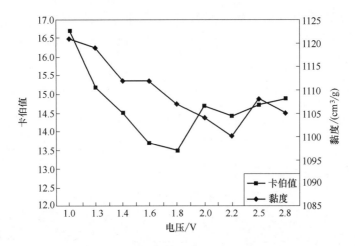

图 6-75　不同的电压处理后纸浆的黏度和卡伯值

2. 温度

升高反应温度，纸浆的卡伯值逐渐下降，当温度为 45℃或 50℃时，具有最好的处理效果，卡伯值为 13.6 左右，木素脱除率为 26.48%，如图 6-76 所示。 当温度继续升高，木素的脱除效果变差，卡伯值有所上升。 温度不超过 65℃时，黏度值略有降低，变化不大。在温度快达到 70℃的时候，黏度明显上升，这是因为在 70℃左右的温度下乙醇发生挥发，使电化学脱木素反应体系中的反应介质发生改变，具有氧化性的丁香醛自由基的浓度迅速降低，从而使得纸浆的黏度和卡伯值升高很多。

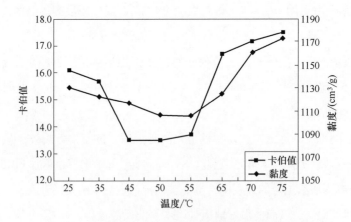

图 6-76　不同温度条件下处理后纸浆的黏度和卡伯值

3. 丁香醛用量

逐渐提高电化学脱木素体系中的丁香醛浓度，处理后纸浆的卡伯值逐渐降低，木素的脱除率逐渐增大，如图 6-77 所示。 当浓度达到 1.0mmol/L 时，E_M 段处理后纸浆的卡伯值降为 13.7，木素脱除率为 27.0%。 继续升高反应介体浓度，E_M 段处理后纸浆卡伯值下降不明显，在浓度达到 1.8mmol/L 的时候，E_M 处理后浆的卡伯值仍为 13.7 左右，没有明显的下降。 丁香醛浓度增加，处理后纸浆的黏度逐渐下降，在丁香醛浓度超过 0.75mmol/L 后，黏度的损失逐渐变小。

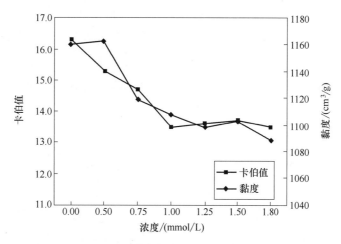

图 6-77　不同丁香醛浓度处理纸浆后的黏度和卡伯值

4. 时间

延长反应时间，处理后纸浆的卡伯值逐渐下降。 时间超过 5.5h 后，E_M 后纸浆的卡伯值下降趋于缓慢，木素脱除率基本维持在为 27% 左右。 纸浆黏度随处理时间的增加，变化不大，与未处理的原浆相比，其黏度损失仅为 7% 左右，如图 6-78 所示。

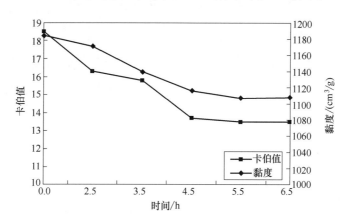

图 6-78　不同处理时间处理后纸浆的黏度和卡伯值

5. pH

在电化学介体脱木素过程中，电极板把介体氧化成具有氧化性能的游离基或中间体，这种游离基或中间体与木素发生反应并将其氧化使其脱出或者变得容易脱除，丁香醛为小分子酚类物质，分子结构中具有酚羟基，在碱性环境中，酚羟基易发生化学反应而使自身

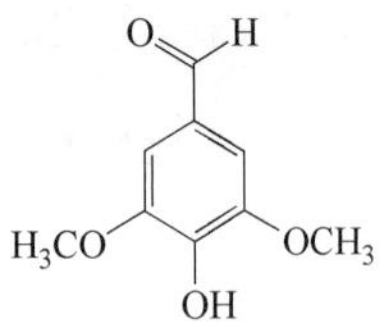

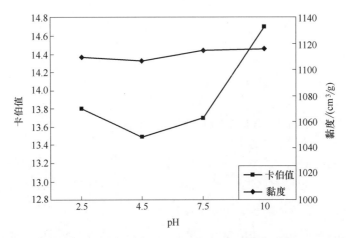

图 6-79　丁香醛的
分子结构

结构发生改变，从而使丁香醛的结构发生变化，必然会影响游离基的产生。丁香醛分子结构如图 6-79 所示。

不同 pH 下电化学介体脱木素的效果如图 6-80。随电解质溶液 pH 的逐渐升高，电化学脱木素处理后浆料卡伯值先有所下降后逐渐上升。在 pH 为 4.5 左右时，电化学处理的效果达到最佳。电化学处理后纸浆的卡伯值和木素脱除率分别为 13.8 和 25.41%。电解质 pH 的变化，纸浆黏度只有小幅的变化。因此，丁香醛作为天然介体来进行电化学脱木素的时候，pH 应该选择为 4.5 左右。

图 6-80　不同电解质 pH 处理后纸浆的黏度和卡伯值

6. 支持电解质浓度

在电化学介体脱木素过程中，电解液中支持电解质的浓度大小，能够影响电解液中电流的大小，从而对电极的交换电流密度产生影响。交换电流密度大，电极上的反应速度就快，能促进自由基或中间体的产生，从而有利于脱木素的进行。但如果电解质浓度过高，电流密度就会过大，则会增加能量消耗，降低电流效率。

Na_2SO_4 作为支持电解质能够促进反应过程中木素的脱除，当 Na_2SO_4 浓度达到 0.05mol/L 时，电化学脱木素处理后纸浆的卡伯值由未加的 16.4 下降到 13.5，从而使木素的脱出率从未加支持电解质的 11.4% 提高到 27.1%。如果继续增加支持电解质 Na_2SO_4 的浓度，处理后卡伯值略有下降，但并不很明显，如图 6-81 所示。支持电解质 Na_2SO_4 的加入对处理后纸浆的黏度没有产生明显的影响，纸浆的黏度变化不大。

使用丁香醛作为反应介体，并在溶液中加入一定量乙醇（$V_{乙醇}:V_{总}$ 为 1：4）时，在最优的工艺条件下，纸浆的卡伯值能够从 18.5 降低到 13.5，黏度由 1185cm^3/g 降到 1109cm^3/g，能达到较好的脱木素效果，而且脱木素后浆料过氧化氢和二氧化氯后续可漂性较好。

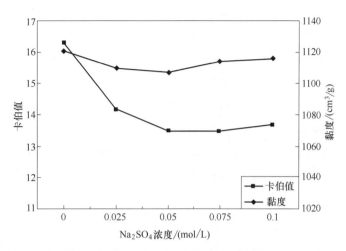

图 6-81 在不同硫酸钠用量的电解质溶液处理后纸浆的黏度和卡伯值

三、丁香醛中间体的产生规律及反应性能

丁香醛的循环伏安曲线表明其具有氧化峰和还原峰，分别出现在 1.28V 和 1.33V 左右，具有一定的反应可逆性。

丁香醛能够被电化学体系氧化为丁香醛自由基或中间体。不同工艺条件下，在电解液中丁香醛中间体达到较高浓度所需要的时间不相同。电解液中丁香醛不能够完全被氧化为丁香醛中间体，丁香醛转化率最高能达到31%左右。使用含有乙醇的反应介质，丁香醛中间体产生效果明显提高。不使用乙醇的电化学介体脱木素体系中，丁香醛不能被有效转变为丁香醛自由基或中间体。

具有氧化性的丁香醛中间体与纸浆中木素的反应非常迅速。对于整个电化学介体脱木素过程而言，其限速步骤仍旧是催化介体在电极表面的氧化转变。

参 考 文 献

［1］ Kim H-C, Mickel M, Bartling S. Electrochemically mediated bleaching of pulp fibers［J］.Electro-chimicaActa, 2001, 47（5）: 799-805.

［2］ Padtberg C, Kim H-C, Mickel M. Electrochemical delignification of softwood pulp with violuric acid ［J］.Tappi journal, 2001, 84（4）.

［3］ Rochefort D, Bourbonnais R, Leech D. Electrochemical oxidation of transition metal-based mediators for pulp delignification［J］.Journal of the Electrochemical Society, 2002, 149（1）: D15-D20.

［4］ Laroche H, Sain M, Houtman C. POM-assisted electrochemical delignification and bleaching of chemical pulp［J］. Cellulose chemistry and technology. Vol. 35, nos. 5-6（2001）: Pages 503-

511. , 2001.

［5］　Bourbonnais R, Paice M G. Demethylation and delignification of kraft pulp by Trametes versicolor lac-case in the presence of 2, 2′-azinobis- (3-ethylbenzthiazoline-6-sulphonate) ［J］. Applied Microbiology and biotechnology, 1992, 36 (6): 823-827.

［6］　　Rocchiccioli-Deltcheff C, Fournier M, Franck R. Vibrational investigations of polyoxometa-lates. 2. Evidence for anion-anion interactions inmolybdenum (Ⅵ) and tungsten (Ⅵ) compounds related to the Keggin structure ［J］.Inorganic Chemistry, 1983, 22 (2): 207-216.

［7］　陈嘉翔.制浆原理与工程 ［M］.北京：轻工业出版社, 1990.

［8］　杨淑蕙.植物纤维化学 ［M］.2 版.北京：中国轻工业出版社, 2001.

［9］　蔡再生.纤维化学与物理 ［M］.北京：中国纺织出版社, 2004.

［10］　Paice M, Bourbonnais R, Reid I. Oxidative bleaching enzymes: a review ［J］.Journal of pulp and paper science, 1995, 21 (8): J280-J284.

［11］　孔凡功.三倍体毛白杨硫酸盐浆电化学介体催化脱木素和漂白及机理研究 ［D］.广州：华南理工大学, 2006.

第七章 含电化学介体脱木素技术的多段纸浆漂白

传统的次氯酸盐漂白和 CEH 三段漂，由于在漂白过程中使用了氯气及次氯酸盐，从而使得漂白过程中产生二噁英类物质，对环境具有极大的危害性。为了满足环境保护的要求，纸浆漂白正在逐渐向 ECF（无元素氯漂白）和 TCF（全无氯漂白）转变[1-3]。

三倍体毛白杨硫酸盐浆采用电化学介体脱木素工艺，不论是 VIO 介体体系还是 POM 介体体系[4]，亦或丁香醛介体体系，均具有较好的脱木素能力，处理后浆料的卡伯值明显下降，白度有所提高，而浆的黏度仍旧保持在较高水平。虽然电化学介体脱木素工艺能够提高浆的白度，但其最终的白度与配抄高白度纸张仍有很大的距离。也就是说，仅靠电化学介体漂白不能使浆具有所需白度，必须要与其他漂白方法相结合，赋予纸浆较高白度的同时，尽量保持较高的纸浆黏度。

电化学介体脱木素工艺主要作用在于脱除浆中的残余木素，降低纸浆的卡伯值，提高其后续可漂性[5]。因此，E_M 段应放置在多段漂白的首段，这在前面介绍不同卡伯值浆的脱木素效果时已有涉及。

本章介绍将 E_M 段分别与二氧化氯漂白（D）及过氧化氢漂白（P）进行组合，形成了含电化学介体脱木素 E_M 段的纸浆 ECF 漂白流程——E_MEpD 及 E_MEpDD，和 TCF 漂白流程——E_MQP 及 E_MEQP，并就各流程对 KP 浆的漂白效果进行介绍。针对 E_MQP 漂白，进行了与 OQP 漂白的比较，并与 CEH 漂白和 OQP 漂白废水污染负荷进行对比分析。

第一节 含 VIO 介体电化学脱木素体系的多段纸浆漂白技术

一、含电化学介体脱木素 E_M 段的 ECF 漂白技术

本章中涉及到的碱处理（E）或过氧化氢强化的碱处理（Ep）均采用以下工艺：碱处理条件为：NaOH 2.0%，温度 70℃，浆浓 10%，时间 1.5h。Ep 处理条件为：NaOH 2.0%，温度 70℃，浆浓 10%，时间 2.0h，H_2O_2 0.3%，EDTA 0.5%。

螯合处理（Q）：螯合段用硫酸调节初始 pH。处理条件为：浆浓 10%，温度 60℃，时

间 30min，初始 pH 3.0，EDTA 0.5%。

过氧化氢漂白（P）：浆浓 10%，温度 90℃，时间 240min，H_2O_2 2.0% 或 3.0%，NaOH 1.2% 或 1.5%（对应于 H_2O_2 2.0% 或 3.0%），$MgSO_4$ 0.1%。

研究发现，电化学处理后进行碱处理能够进一步降低纸浆卡伯值。 资料也表明[1]，在 D_0ED_1 漂序中，若将 E 处理改为 E_p 处理，可有效提高后续 D_1 的漂白效果。 E_M 段与 E_p 及 D 的不同组合漂白结果见表 7-1。 表 7-1 数据中括号内数据为卡伯值为 12.8 的浆料漂白结果，未漂浆黏度为 1076cm^3/g，白度为 42.2% ISO。 其他数据均为卡伯值 17.4 的浆料漂白结果，未漂浆黏度为 1144cm^3/g，白度为 39.2% ISO。 表 7-1 中 D 段下标为该段的二氧化氯用量。

表 7-1 含 E_M 段的 ECF 各漂序的漂白效果

漂序	白度/% ISO	黏度/（cm^3/g）	卡伯值
$E_M EpD_{1.5}$	84.5（84.9）	752（696）	1.2（1.2）
$EpD_{1.5}$	73.4	985	3.6
$E_M D_{1.5}$	64.5	1010	4.5
$E_M EpD_{1.0}$	80.0	849	1.5
$EpD_{1.0}$	65.9	926	4.0
$E_M EpD_{1.5}D_{1.0}$	87.6（89.0）	746（665）	0.6（0.5）
$EpD_{1.5}D_{1.0}$	83.1	900	1.1
$E_M EpD_{1.0}D_{0.5}$	84.6	823	0.8
$EpD_{1.0}D_{0.5}$	78.5	905	2.3
$E_M D_{1.0}D_{0.5}$	75.4	915	3.2
$E_M D_{0.5}D_{0.5}$	70.0	927	3.8
$D_{1.5}EpD_{0.5}$	84.4	856	0.8
$D_{1.8}EpD_{1.5}$	86.0（87.7）	732（659）	1.0（0.8）
$D_{1.8}EpD_{1.5}EpD_{0.7}$	89.8（90.8）	553（505）	0.6（0.4）

注：① 表中括号内数据为原浆卡伯值为 12.8 的漂白结果，其余均为卡伯值为 17.4 浆的漂白结果。

② E_M 段采用 VIO 介体体系进行处理。 D_0EpD_1 及 $D_0EpD_1EpD_2$ 漂序中，D_0 段漂白工艺条件为：70℃，1h，浆浓 10%，ClO_2 用量为 1.8% 和 1.5%。 其余各段 D 漂白工艺条件：70℃，4h，浆浓 10%，ClO_2 用量为各段选定量。

表 7-1 表明，对于 EpD 漂序或者 EpDD 漂序，在前面增加 E_M 段后，能够明显提高最终浆的白度。 如对 $EpD_{1.0}$，前面增加 E_M 段后，最终漂白浆的白度由 65.9% ISO 增加到 80.0% ISO，白度提高了 14.1% ISO。 这说明 E_M 段处理后的浆料具有很好的后续可漂性，能够有效地提高后续漂白的白度。 当然，在提高白度的同时浆的黏度也有所下降，但下降幅度不

大，仅从 $EpD_{1.0}$ 的 $926cm^3/g$ 下降至 $E_M EpD_{1.0}$ 的 $849cm^3/g$。 三倍体毛白杨 KP 浆采用 $E_M EpD$ 或 $E_M EpDD$ 漂白，在二氧化氯用量较小的情况下能够漂至 80% ISO，甚至更高的白度，同时浆的黏度仍处于较高水平。

比较 $E_M DD$ 和 $E_M EpDD$ 的漂白结果，可知，在其他条件相同的情况下，在 E_M 段后增加 Ep 段，能够有效提高最终浆的白度。 如采用 $E_M EpD_{1.0}D_{0.5}$ 时，白度为 84.6% ISO，采用 $E_M D_{1.0}D_{0.5}$ 时，白度仅为 75.4% ISO，相差 9.2% ISO。 比较 $E_M EpD$ 与 $E_M D$ 的漂白结果发现，在 E_M 后增加 E_p 段，白度的提高幅度更大。 如 $E_M EpD_{1.5}$ 的漂终白度为 84.5% ISO，而 $E_M D_{1.5}$ 的漂终白度仅为 64.5% ISO，相差 20% ISO。 这充分表明，当 E_M 段与 D 段进行组合漂白时，需在 E_M 段后添加 E_p 段来提高浆料的后续可漂性。

对三倍体毛白杨 KP 浆，经 $E_M EpD$ 漂白，使用 1.0% 的 ClO_2 就可将其漂至 80.0% ISO 的白度，当使用 1.5% 的二氧化氯时，可以达到接近 85% ISO 的白度。 采用 $E_M EpDD$ 漂白，当二氧化氯用量为 1.5%（1.0%+0.5%）时，能够达到 85% ISO 的白度，当用量为 2.5%（1.5%+1.0%）时，能够漂至 87.6% ISO 的白度。 当二氧化氯总用量一样时，采用一段 D 与两段 D 相比，最终浆的白度差别不大，但黏度差别较大，以两段 D 漂白浆黏度较高。 如 $E_M EpD_{1.0}D_{0.5}$ 浆的黏度比 $E_M EpD_{1.5}$ 高出 $71cm^3/g$。

与 DEpD 漂序相比，在达到相近白度时，$E_M EpDD$ 漂序可减少 25% 的二氧化氯用量，而浆的黏度差别不大。

对于具有较低初始卡伯值的杨木 KP 浆而言（卡伯值为 12.6），经 $E_M EpD_{1.0}$ 漂序可以漂至 84.9% ISO 的白度，而采用 $E_M EpD_{1.5}D_{1.0}$ 工艺时可以漂至 89.0% ISO 的白度，与 $D_{1.8}EpD_{1.5}EpD_{0.7}$ 具有相近的白度，但二氧化氯的总用量减少了 37.5%。 这表明在达到相同白度时，采用 E_M 段作为首段能够有效降低二氧化氯用量，从而降低漂白成本并减少对环境的污染。

E_M 段与 Ep 段及 D 段组合的 $E_M EpD$ 或 $E_M EpDD$ 漂序，对于三倍体毛白杨 KP 浆具有很好的漂白效果。 当 ClO_2 用量为 1.0% 时，采用 $E_M EpD$ 漂序，可漂至 80% ISO 的白度。 当 ClO_2 用量为 1.5% 而采用 $E_M EpD$ 或 $E_M EpDD$ 漂序时，可漂至 85% ISO 的白度。 与 DEpD 漂序及 DEpDEpD 相比，达相同白度时，采用含 E_M 段的多段漂白可降低二氧化氯用量 25% 以上。 对于低卡伯值浆，该两种漂白流程具有更好的漂白效果。

二、含 E_M 段的杨木 KP 浆 TCF 漂白技术

含 E_M 段的多段 TCF 漂白流程主要选择了 Q（螯合）段、E（碱处理）段及 P（过氧化氢）段与 E_M 段进行组合，研究其漂白效果。 各不同流程的漂白结果如表 7-2 所示。

表 7-2 中数据表明，含 E_M 段的多段漂序中，$E_M QP$ 和 $E_M EQP$ 漂序具有较好的漂白效果，在过氧化氢用量为 2.0% 的情况下，能够将不同卡伯值的 KP 浆漂至 80% ISO 左右的白

度。　当用量增加到 3.0% 时，可以漂至接近 85% ISO 的白度。　同时漂白浆的黏度均保持在 850cm³/g 以上。　与 $E_M QP$ 和 $E_M EQP$ 漂序相比，$E_M P$ 和 $E_M EP$ 漂序漂白效果较差，最终浆的黏度和白度较低。

表 7-2　含 E_M 段的不同 TCF 漂序漂白结果

漂序		常规 KP-1	常规 KP-2	常规 KP-3	EMCC-1
原浆	卡伯值	40.7	38.2	38.7	39.2
	黏度/(cm³/g)	1073	1137	1078	1144
	白度/% ISO	15.2	19.4	22.6	17.4
$E_M EQP_{2.0}$	卡伯值	6.1	6.1	5.8	5.7
	黏度/(cm³/g)	886	866	931	873
	白度/% ISO	81.5	79.4	81.0	80.7
$E_M EQP_{3.0}$	卡伯值	5.9	5.4	5.4	5.3
	黏度/(cm³/g)	867	845	902	854
	白度/% ISO	84.8	84.4	84.0	84.6
$E_M QP_{2.0}$	卡伯值	6.2	6.7	6.1	5.9
	黏度/(cm³/g)	905	964	895	892
	白度/% ISO	80.5	78.7	80.8	80.0
$E_M QP_{3.0}$	卡伯值	6.0	5.9	5.7	5.5
	黏度/(cm³/g)	865	903	843	856
	白度/% ISO	83.5	83.2	83.0	83.4
$QP_{2.0}$	卡伯值	7.2	8.6	8.1	—
	黏度/(cm³/g)	940	1002	942	—
	白度/% ISO	78.2	75.0	74.3	—
$EQP_{2.0}$	卡伯值	6.1	6.5	6.3	
	黏度/(cm³/g)	923	989	932	
	白度/% ISO	78.8	77.1	77.8	
$E_M EP_{2.0}$	卡伯值	6.2	6.8	6.5	
	黏度/(cm³/g)	723	801	785	
	白度/% ISO	70.0	70.1	69.2	
$E_M P_{2.0Q}$	卡伯值	5.9	6.2	5.8	—
	黏度/(cm³/g)	754	823	805	—
	白度/% ISO	77.5	75.8	76.9	—
$E_M EP_{2.0Q}$	卡伯值	6.8	7.0	6.9	6.2
	黏度/(cm³/g)	725	764	772	754
	白度/% ISO	70.2	70.3	69.8	70.6
$E_M QP_{2.0}P_{1.0}$	卡伯值	—	—	—	5.8
	黏度/(cm³/g)	—	—	—	764
	白度/% ISO	—	—	—	83.0

注：E_M 段采用工艺条件同表 6-1。　P_Q 为 P 段添加螯合剂的过氧化氢漂白。

　　由表 7-2 还可看出，在多段漂白的首段设置 E_M 段能有效提高漂白浆的白度。　如卡伯值为 15.2 的浆在过氧化氢用量均为 2.0% 的情况下，经 QP 漂白后白度为 78.2% ISO，而经 E_M

QP 漂白后白度为 80.5% ISO，白度提高了 2.3% ISO。 其他卡伯值浆也出现了基本相同的规律。 比较 $E_M QP$ 漂序和 $E_M EQP$ 漂序可看出，在 E_M 段后增加一段碱处理，然后再进行螯合和过氧化氢漂白，最终浆的白度有所增加，但提高幅度不大。 仍旧以卡伯值为 15.2 的浆为例。 在过氧化氢用量为 2.0% 的情况下，$E_M QP$ 后白度为 80.5% ISO，而经 $E_M EQP$ 漂后白度为 81.5% ISO，增加了 1.0% ISO，其他卡伯值杨木浆增加幅度也基本与之相近。 这表明在 $E_M QP$ 漂序的基础上，在 E_M 段后增加 E 段处理，对于最终白度有所提高，但提高幅度不大。

从表 7-2 可以看出，取消 Q 段后，与相应的 $E_M EQP$ 漂白浆白度相比，最终白度下降较多，约 10.0% ISO。 表明在 $E_M EQP$ 漂序中，Q 段具有更重要的作用。 此外，观察所有具有 Q 段漂序的最终漂白浆黏度可以发现，其最终黏度均高于其他无 Q 段漂序的黏度，说明在 P 段漂白之前使用 Q 段能有效去除金属离子，从而减少后续 P 段漂白过程中纸浆黏度的损失。 总之，在 $E_M EQP$ 和 $E_M QP$ 漂序中，Q 段能有效提高最终浆的白度和黏度。

将 $E_M QP$ 和 $E_M EQP$ 中的 Q 段和最后的 P 段整合为一段，即添加螯合剂的 P 段漂白（P_Q）。 其结果如表 7-2 所示，将 Q 段的螯合剂 EDTA 添加到 P 段后，最终所得漂白浆白度较低，尤其是 $E_M EP_Q$ 漂白浆，白度仅为 70% ISO 左右。 这充分说明，将 Q 段中的螯合剂加入到 P 段漂白中，并不能起到有效的螯合作用，从而使得 P 段漂白的效率下降。 至于如何进一步减少漂段，提高漂白浆的白度仍有待于进一步研究。

从表 7-2 还可看出，在 E_M 段后进行碱抽提然后紧接着进行过氧化氢漂白，最终白度较低。 表明在 P 段漂白前进行螯合处理是必要的。 对于 E_M 浆 E 后再进行 P 漂白，其效果较差的原因仍有待于进一步研究。

卡伯值为 17.4 的浆的 $E_M QP_{3.0}$ 和 $E_M QP_{2.0}P_{1.0}$ 漂白结果表明，在 H_2O_2 总用量一定的情况下，采用一段 P 和两段 P 对纸浆进行漂白时，最终所得浆的白度相差不大，以 $E_M QP_{2.0}P_{1.0}$ 的略低，而浆的黏度相差较大，两段 P 处理浆的黏度较低。

对于 KP 浆来说，$E_M EQP$ 和 $E_M QP$ 漂序均具有较好的漂白效果，在 H_2O_2 用量为 2.0% 时，能漂至 80.0% ISO 左右的白度；用量为 3.0% 时，能漂至接近 85.0% ISO 的白度，同时浆的黏度均高于 $850cm^3/g$。 两种 TCF 漂白流程中，$E_M QP$ 虽然其最终漂白浆白度略低于 $E_M EQP$ 浆，但其漂白流程中只有三个漂段，从而减小投资和实际生产中的操作复杂性，易于工业化。 因此，$E_M QP$ 为最优的漂白流程，但对于高卡伯值浆料而言，$E_M EQP$ 具有一定的优势，具有更好的漂白效果，可使最终漂白浆具有更高的白度。 $E_M EQP$ 和 $E_M QP$ 漂序的选择应根据浆料的具体情况和最终所需的白度来进行。

三、不同纤维原料化学浆的 $E_M QP$ 漂白

含电化学介体脱木素 E_M 段在内的 TCF 漂序——$E_M QP$ 对其他纤维原料纸浆的适应性漂

白结果如表 7-3 所示。

表 7-3　不同纤维原料纸浆 E_MQP 或 E_MEQP 漂白结果

浆种	原浆		E_MQP 或 E_MEQP 漂白浆				
	卡伯值	黏度 /(cm³/g)	白度/% ISO	白度/% ISO	白度增值 /% ISO	黏度 /(cm³/g)	黏度降低 /(cm³/g)
尾叶桉-1	10.8	606	29.9	82.6	52.7	479	127
尾叶桉-2	17.9	1055	25.9	81.8	55.9	614	441
竹浆-1	12.4	859	39.8	80.4	40.6	703	126
竹浆-2	15.0	1029	38.6	79.6	41.0	797	232
竹浆-3 *	19.4	1239	26.0	81.3	55.3	804	435
玉米秆-1	13.9	1275	33.2	84.1	50.9	966	309
玉米秆-2 *	24.5	1370	26.0	81.6	55.6	1034	336
麦草浆 *	15.3	1021	34.0	81.3	47.3	843	178
芦苇	9.0	1156	39.9	84.8	44.9	944	212
蔗渣	10.0	987	43.8	84.5	40.7	792	195

注：表中注有 * 的浆种，漂白时采用 E_MEQP 漂白流程。其他均采用 E_MQP 漂白。E_M 段采用 VIO 体系进行处理，工艺条件同表 7-1。

由表 7-3 可知，各种不同纤维原料纸浆，经 E_MQP 或 E_MEQP 漂白，均具有较好的可漂性，当 H_2O_2 用量为 3.0% 时，最终浆的白度均可达到 80.0% ISO，甚至更高的白度，同时浆的黏度除尾叶桉浆外，均为 700cm³/g 以上。表明含 E_M 段的 E_MQP 或 E_MEQP 漂序对于表 7-3 中所列几种纤维原料纸浆具有很好的漂白适应性。通常情况下，均可将其漂至 80.0% ISO 或更高的白度。

当未漂浆卡伯值较高时，经 E_MQP 或 E_MEQP 漂白后，虽白度可漂至较高的白度，但浆的黏度降低幅度也较大，均大于其相同浆种低卡伯值浆的黏度降低值。在进行 E_MQP 或 E_MEQP 漂白时，为保持较高的漂终纸浆黏度，应适度降低未漂浆的卡伯值。

几种不同浆中，尾叶桉浆经漂白后，具有相对较低的黏度。玉米秆浆虽具有很好的可漂性，卡伯值为 13.9 的浆可漂至 84.1% ISO 的白度，卡伯值为 24.5 的浆用 E_MEQP 漂序也可漂至 81.6% ISO 的白度，但该浆在漂白过程中，黏度的降低幅度较大，均超过了 300cm³/g。由于其未漂浆的初始黏度较高，虽在漂白过程中黏度降低较大，但最终仍具有较高的黏度，为 1000cm³/g 左右。该漂白方法对于较难漂至较高白度的麦草浆仍有很好的漂白性能。蔗渣浆和芦苇浆的漂白结果表明，当未漂浆具有较低卡伯值时，该漂白流程可将其漂至接近 85% ISO 的白度。

含 E_M 段的纸浆 E_MQP 或 E_MEQP 漂白程序具有很好的原料适应性。对于本章中所列出的几种纸浆而言，在 H_2O_2 用量为 3.0%的情况下，均可将其漂至 80.0% ISO 以上的白度，同时保持较高的黏度。

第二节 含 POM 介体电化学脱木素的 E_MEQP 多段漂白

不同卡伯值的杨木 KP 浆 E_MEQP 的漂白效果如表 7-4 所示。

表 7-4 不同卡伯值杨木浆 POM 为介体的 E_MEQP 漂白结果

蒸煮方法	编号	未漂浆		E_MEQP 漂后浆			
		卡伯值	黏度 /（cm^3/g）	白度/% ISO	白度 /% ISO	黏度 /（cm^3/g）	卡伯值
常规 KP	KP-1	15.2	1073	38.7	80.9	824	3.6
	KP-2	19.4	1137	36.2	79.7	846	3.9
EMCC	EMCC-1	12.8	1076	42.9	81.5	823	3.4
	EMCC-2	17.4	1144	39.2	80.7	856	3.6

注：P 段 H_2O_2 用量为 3.0%。

各种不同蒸煮方法所得杨木 KP 浆经 POM 为介体的电化学介体脱木素体系处理后，经碱处理、螯合处理和过氧化氢漂白，在 H_2O_2 用量为 3.0%的情况下，均能漂至 80.0% ISO 左右的白度，同时漂白浆的黏度均保持在 800cm^3/g 以上，黏度的降低较少。表明 POM 为介体的电化学脱木素浆具有较好的后续可漂性，能够较容易地将其漂至较高白度，同时黏度较高。

第三节 含丁香醛介体电化学脱木素的多段漂白

一、含 E_M 段的 TCF 漂白研究

采用碱处理（E 段）、螯合（Q 段）及过氧化氢漂白（P 段）三段工艺对丁香醛为介体的电化学处理后的浆料进行后续漂白。浆料经过电化学脱木素处理后，最终浆的黏度、白度和卡伯值，都发生了较为显著的变化，如图 7-1 到图 7-3 所示。采用 EP、QP、EQP 的漂白顺序进行浆料的漂白，在漂白工序之前

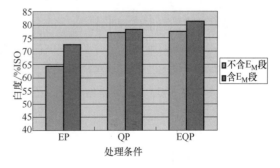

图 7-1 不同处理条件过氧化氢漂白
后纸浆的白度（H_2O_2 3.0%）

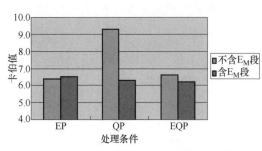

图 7-2　不同处理条件过氧化氢漂白
后纸浆的卡伯值（H_2O_2 3.0%）

进行电化学脱木素处理能够有效提高最终浆的白度。 EP 漂序前进行电化学脱木素处理最终浆的白度提高较为明显，QP 漂序前进行电化学脱木素处理最终浆的白度提高较小。 纸浆卡伯值的变化与纸浆白度的变化基本一致，如图 7-2 所示。 EP、QP、EQP 的漂白前进行电化学脱木素处理最终浆的黏度有所下降，但下降程度较小。

E_MEQP 漂白顺序所得最终浆的白度明显高于 E_MQP 段的漂白浆白度，也高于 E_MEP 最终浆的白度。 E_MEQP、E_MQP 及 E_MEP 漂白工序最终所得纸浆的卡伯值基本相同。 QP 漂白工序前添加 E_M 段能有效降低最终浆的卡伯值，如图 7-2 所示。 含 E_M 段的三种不同漂序所得最终浆料的黏度变化不大。

含 E_M 段的 E_MEQP 漂序可将纸浆漂至较高白度。 在该漂白工序中，可改变最后一段过氧化氢漂白（P）中过氧化氢的用量来提高浆料的白度。 过氧化氢用量从 1.5% 增加到 3%，浆料白度达到 81.2% ISO。

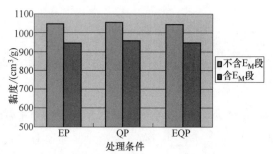

图 7-3　不同处理条件过氧化氢漂
白后纸浆的黏度（H_2O_2 3.0%）

浆料卡伯值从 7.1 下降到 6.3。 浆料黏度下降到 947cm^3/g，如图 7-4 所示。

二、含 E_M 段的 ECF 漂白研究

二氧化氯是无元素氯漂白的基本漂剂[6-8]。 二氧化氯漂白的基本原理是氧化并降解木素，使苯环开裂并且进一步氧化降解成各类羧酸产物，从而达到漂白的效果[9]。 针对丁香醛为介体的电化学脱木素，进行多段漂白，各工序如表 7-5 所示。

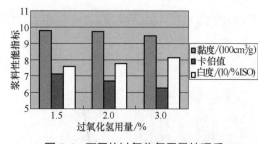

图 7-4　不同的过氧化氢用量处理后
浆料的白度、黏度和卡伯值

在不经过电化学处理的条件下，通过一般的碱处理再进行后续二氧化氯漂白，漂白效果不佳，而通过过氧化氢强化碱处理之后，漂白效果明显，处理后的纸浆的白度提高较多，如表 7-5 所示。 电化学脱木素处理之后，当在二氧化氯漂白之前进行过氧化氢强化碱

处理时，纸浆的白度有很大程度的提高。因此，电化学脱木素处理后的浆料最好是先进行过氧化氢强化的碱处理，再进行二氧化氯漂白。浆料在经过 $E_M EpD_{1.5}$ 漂序进行漂白后，纸浆的白度能达到 81.3% ISO。

表 7-5　含 E_M 段的多段 ECF 漂白效果

漂序	白度/% ISO	黏度/（cm³/g）	卡伯值
原浆	34.3	1185	18.5
$E\,D_{1.5}$	52.5	1096	8.2
$Ep\,D_{1.5}$	72.2	1043	5.6
$E_M\,D_{1.5}$	68.3	1071	6.7
$E_M\,Ep\,D_{1.5}$	81.3	901	3.1
$E_M\,Ep\,D_{1.5}\,D_{0.5}$	81.8	892	2.5
$E_M\,Ep\,D_{1.5}\,D_{1.0}$	82.3	904	2.4
$E_M\,Ep\,D_{1.5}\,D_{1.5}$	84.1	887	2.1
$E_M\,Ep\,D_{1.0}\,D_{0.5}$	78.4	943	2.8
$E_M\,Ep\,D_{1.0}\,D_{1.0}$	80.5	945	2.6
$E_M\,Ep\,D_{1.0}\,D_{1.5}$	81.5	915	2.5

注：D 的下标表示二氧化氯用量（%）。

$E_M EpD_1 D_2$ 漂序在进行纸浆漂白时，在 D_1 段二氧化氯用量为 1.0% 的情况下，改变 D_2 段的二氧化氯的用量，纸浆最终白度逐渐增加，由 0.5% 用量下的 78.4% ISO 提高到 1.5% 用量时的 81.5% ISO。

当 D_1 段二氧化氯的用量为 1.5% 时，随着 D_2 段二氧化氯用量逐渐增加，漂白后最终浆料的白度有所提高，D_2 段二氧化氯用量为 1.5% 时，浆料白度达到 84.1% ISO。

第四节　三倍体毛白杨 $E_M QP$ 漂白与 OQP 漂白的比较

一、三倍体毛白杨 $E_M QP$ 漂白浆与 OQP 漂白浆性能分析

采用 EMCC 蒸煮得到的卡伯值为 12.8，黏度为 1076cm³/g，白度为 42.9% ISO 的浆进行 $E_M QP$ 漂白，再经过打浆、抄片，检测其物理性能，并在相近打浆度的情况下，与经 OQP 漂白的纸浆性能进行比较，如图 7-5 及图 7-6 所示。漂白中 $E_M QP$ 各漂白工艺同表 7-2，H_2O_2 用量为 3.0%。OQP 漂白工艺为：O 段：浆浓 10%，用碱量 3%，$MgSO_4$ 0.5%，氧压 0.6MPa，温度 95℃，时间 60min[10]。Q 段与 P 段工艺与表 7-2 中工艺一样，H_2O_2 用量为 3.0%。图 7-6 中各指标为两种浆在打浆度为 45.0°SR 时的性能。

两种漂白流程当 P 段 H_2O_2 用量为 3.0% 时，均能将浆漂至 80.0% ISO 以上的白度。与

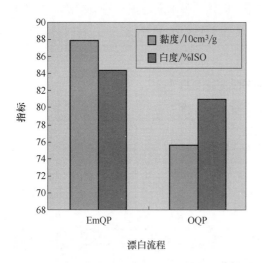

图 7-5 $E_M QP$ 与 OQP 漂白浆白度和黏度的比较

OQP 相比，$E_M QP$ 漂白具有较高的最终白度，高出约 3.0% ISO，黏度较 OQP 浆高得多，高出了 $100cm^3/g$。 表明 $E_M QP$ 漂白流程，对于三倍体毛白杨 KP 浆有更好的漂白效果。

图 7-6 中所示的打浆后浆的物理强度指标表明，$E_M QP$ 漂白浆所得纸页具有相对较高的紧度，较高的裂断长和撕裂指数。这与 $E_M QP$ 漂白浆具有较高的黏度有关。值得指出的是，在打浆过程中，当达到相近打浆度时，$E_M QP$ 浆较 OQP 浆需要略低的打浆转数。 OQP 浆打至 $45.0°SR$ 时，需要打浆 25000r，而 $E_M QP$ 浆仅需 23000r，表明 $E_M QP$ 漂白浆较易打浆。

$E_M QP$ 与 OQP 漂白相比，对于三倍体毛白杨硫酸盐浆，$E_M QP$ 具有更好的漂白效果。 所得漂白浆与 OQP 漂白浆相比，具有较高的白度和黏度，较高的紧度、撕裂指数和裂断长，且较易打浆。

二、三倍体毛白杨 $E_M QP$ 漂白废水的污染负荷分析

电化学介体脱木素体系，由于不使用含氯物质，因而废水中不会产生有机氯化物等毒性物质。 含 E_M 段的 TCF 漂白流程 $E_M QP$ 中各漂段均使用了清洁漂

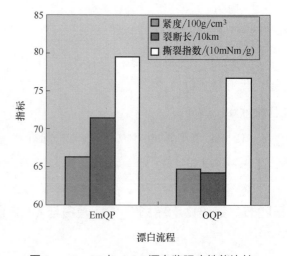

图 7-6 $E_M QP$ 与 OQP 漂白浆强度性能比较

剂，从而有利于降低漂白废水的污染负荷。 对卡伯值为 12.8 的杨木 KP 浆进行 $E_M QP$ 漂白和 CEH 漂白，漂终白度均为 80.0% ISO 左右，各段废水的各项指标见表 7-6。 废水的污染指标主要用 COD_{Cr}、BOD_5、SS 等指标来衡量。

表 7-6 表明，$E_M QP$ 漂白废水的 COD_{Cr}、BOD_5 和 SS 均比 CEH 漂白废水的低很多，同时也远远低于国家标准规定的数值，说明 $E_M QP$ 漂白废水具有较低的污染负荷。 $E_M QP$ 漂白程序是一种能够有效提高纸浆白度，实现纸浆清洁生产的 TCF 漂白流程。

表7-6　杨木浆 $E_M QP$ 漂白废水污染负荷

漂序	COD_{Cr}	BOD_5	SS
E_M	20.0	8.2	1.9
$E_M QP$	34.8	9.7	4.8
CEH	124.2	18.5	14.6
国家标准	88	15.4	22

注：① CEH 漂白总有效氯6%，C 段：浆浓3%，室温，4%有效氯，60min，终点 pH 小于2.0；H 段：2%有效氯，
　　120min，40℃，终点 pH 大于10.0，浆浓：10%。
　　② E_M 工艺同表7-1。

参 考 文 献

［1］　黄文荣，陈中豪.ECF 和 TCF 漂白是造纸工业可持续发展的方向［J］.中国造纸，2003，22
　　（8）：40-44.

［2］　杨斌，张美云，徐永建.ECF 和 TCF 漂白发展现状与研究进展［J］.黑龙江造纸，2012，40
　　（3）：24-27.

［3］　钟树明，薛其福，郑韶青.ECF 和 TCF 漂白是我国非木浆行业可持续发展的方向［J］.环境科
　　学与技术，（4）：205-207.

［4］　孔凡功，詹怀宇，王守娟.多金属氧酸盐为介体的杨木 KP 浆电化学介体脱木素研究［J］.中
　　国造纸学报，（2）：65-69.

［5］　孔凡功.三倍体毛白杨硫酸盐浆电化学介体催化脱木素和漂白及机理研究［D］.广州：华南理
　　工大学，2006.

［6］　王小雅，曹云峰.纸浆绿色漂白——二氧化氯漂白［J］.纤维素科学与技术，2012，（3）：
　　82-90.

［7］　王向强，陈嘉川，庞志强.二氧化氯和过氧化氢漂白技术［J］.华东纸业，2011，（6）：55-61.

［8］　马永生，安显慧，钱学仁.二氧化氯漂白技术的新发展［J］.中华纸业，2010，（8）：10-13.

［9］　赵士燕，王炳富，孟庆海.纸浆漂白用二氧化氯制备工艺的研究［J］.中国造纸，2011，30
　　（9）：32-34.

［10］　刘玉.三倍体毛白杨 EMCC 蒸煮和 TCF 漂白及其木素结构变化的研究［D］.广州：华南理工
　　大学，2005.